21 世纪计算机专业系列精品教材

计算机网络基础与应用

主　编　王维虎　刘　忠

天津大学出版社
TIANJIN UNIVERSITY PRESS

内容简介

本书详细介绍了计算机网络的相关基础知识及基本应用，主要内容包括计算机网络概述、数据通信技术、网络体系结构、局域网、Internet 技术及应用、HTML 及网页制作、计算机网络安全与管理和常见网络故障的排除。内容取材新颖、图文并茂，且各章均附有习题，可供读者巩固所学知识。

本书可作为普通高等本科院校以及高职高专院校计算机网络课程的教材或参考书，也可作为有关技术人员的参考用书。

图书在版编目（CIP）数据

计算机网络基础与应用/王维虎，刘忠主编. —天津：天津大学出版社，2011.9

21 世纪计算机专业系列精品教材

ISBN 978-7-5618-4161-7

Ⅰ. ①计… Ⅱ. ①王…②刘 … Ⅲ. ①计算机网络—高等职业教育—教材 Ⅳ. ①TP393

中国版本图书馆 CIP 数据核字（2011）第 192054 号

出版发行 天津大学出版社
出 版 人 杨欢
地　　址 天津市卫津路 92 号天津大学内（邮编：300072）
电　　话 发行部：022-27403647 邮购部：022-27402742
网　　址 www.tjup.com
印　　刷 河北省昌黎县第一印刷厂
经　　销 全国各地新华书店
开　　本 185mm×260mm
印　　张 11.5
字　　数 287 千
版　　次 2011 年 9 月第 1 版
印　　次 2011 年 9 月第 1 次
定　　价 25.00 元

前 言

计算机网络是计算机技术与通信技术相互融合、相互渗透的一门综合学科，是计算机科学的重要分支。随着信息时代的不断发展，人们的生活已经离不开计算机网络。在此，作者根据网络技术发展和应用的现实情况，特编写本书作为计算机科学技术专业以及相关专业的教材。

本书力求原理够用、侧重实践的原则，并能有效地贯彻“理论联系实际”的教学思想，在章节编排上分层进行介绍，并且列举了一些实例进行相应讲解，同时采用图文并茂的方式尽量使读者能够较好地理解书中的内容，并注意与后续课程（如网络操作系统和网络应用程序设计等）的衔接。

根据计算机网络内容的组织特点，全书分为理论篇和应用篇，共8章，下面对各个章节的内容进行简单介绍。

理论篇，主要讲解计算机网络的基本概念、数据通信技术、网络体系结构以及常用的局域网。

第1章　介绍计算机网络的基础知识，读者除了要了解计算机网络的发展过程之外，还需要熟悉计算机网络的定义、组成、拓扑结构和分类技术，其中的基本概念是学习网络的定义与组成。

第2章　讲述数据通信的基础知识。如果开设过数据通信基础课程，这部分内容可以不讲或作为复习时的阅读教材。

第3章　介绍计算机网络体系结构，需要熟悉ISO/OSI开放系统参考模型和TCP/IP体系结构，重点掌握体系结构的层次及其功能。所以应该深入了解这部分内容。

第4章　详细介绍常用的计算机网络——局域网。重点深入讲解了HDLC协议，其流量和差错控制机制是学习网络技术的基础，这个协议还与其他许多协议（如PPP、LLC）有关。

应用篇，主要讲解计算机网络的应用领域中实用技术，Internet的技术及应用，计算机网络安全与管理，常见的网络故障解决方法。

第5章　详细介绍Internet的技术以及应用。重点深入讲解了IP协议，IP地址的分类，子网掩码的计算等，还描述了常用Internet服务，比如WWW、FTP。

第6章　介绍HTML及网页制作。重点讲解了编写网页的HTML语言以及网页的开发工具，能够为后继“网页制作与设计”课程打下较好的基础。

第7章　介绍计算机网络的安全与管理。本章在网络安全与管理基本概念的讲解基础上，结合实际的软件工具，比如Unicenter TNG对其进行详细的介绍，最后对其发展进行了展望。

第8章　讲述计算机网络故障。首先介绍计算机网络故障的定义与分类，重点讲解如何利用TCP/IP常用命令来排除，并对一些常见的网络故障进行总结。

本书每一章都配有适量的习题，完成这些练习对于深入理解课程的内容是必要的。如果结合教学进度，开设一些简单的网络实验(例如局域网互联、IP地址配置和子网划分、Windows

服务器的配置等）课，对于建立感性认识和实践网络操作技能会有所帮助。

建议本书在 54 课时内讲完，有些非重点部分可以作为阅读和自学的内容。下表是作者对使用该教材上课学时的分配情况的描述，供各位教师和读者们参考。

教学内容		学时分配	
篇幅	章节	理论学时	实验学时
理论篇	第一章　计算机网络基础知识	2	2
	第二章　数据通信——计算机网络的基础	6	2
	第三章　计算机网络体系结构	2	2
	第四章　局域网	6	2
应用篇	第五章　Internet 技术及应用	6	2
	第六章　HTML 及网页制作	4	4
	第七章　计算机网络安全与管理	4	2
	第八章　常见网络故障的排除	4	4

本书主要由华中师范大学汉口分校王维虎和刘忠主编，武汉工业职业技术学院王社参与了第 5 章部分内容的编写，华中师范大学汉口分校李胜利负责主审。本书在编写过程中，得到了李胜利教授的指导和大力支持，尽可能引入新的观点和方法，力求能够反映当代技术水平。

由于作者水平有限，加之时间仓促，书中不足之处在所难免，望广大读者与同行批评指正。

编　者

2011 年 5 月

目 录

理 论 篇

应 用 篇

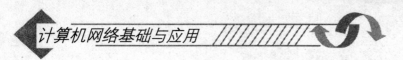

理论篇

※ 第1章　计算机网络基础知识

※ 第2章　数据通信——计算机网络的基础

※ 第3章　计算机网络体系结构

※ 第4章　局域网

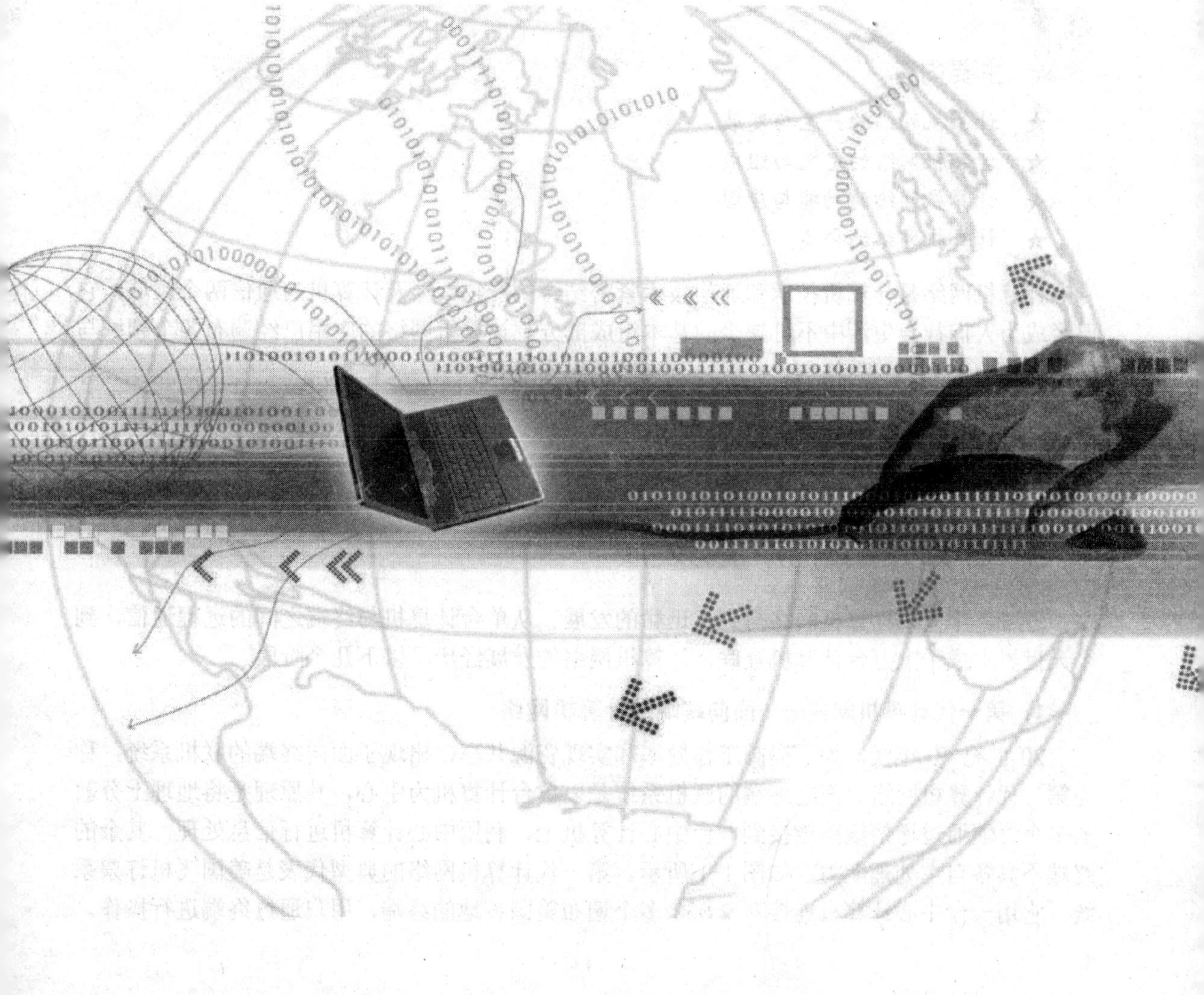

第 1 章　计算机网络基础知识

学习目标

了解计算机网络的产生与发展，熟练掌握计算机网络的定义与组成，理解计算机网络的分类、功能和应用。

主要内容

★ 计算机网络的产生与发展
★ 计算机网络的定义与组成
★ 计算机网络的功能与应用
★ 计算机网络的分类

计算机网络是计算机技术和通信技术紧密结合的产物，涉及计算机与通信两个领域，它已经成为人们社会生活中不可缺少的基本组成部分。计算机网络的应用已经遍布各个领域与部门，影响着人们的工作方式、学习方式以及思维方式。

1.1　计算机网络概述

1.1.1　计算机网络的产生与发展

近 20 年来，计算机网络得到了迅猛的发展。从单台计算机与终端之间的远程通信，到今天世界上成千上万台计算机互联，计算机网络的发展经历了以下几个阶段。

1．第一代计算机网络——面向终端的计算机网络

20 世纪 60 年代，为了提高工作效率和实现资源共享，出现了面向终端的联机系统，称为第一代计算机网络。面向终端的联机系统是以单台计算机为中心，其原理是将地理上分散的多个终端通过通信线路连接到一台中心计算机上，利用中心计算机进行信息处理，其余的终端不具备自主处理能力，如图 1-1 所示。第一代计算机网络的典型代表是美国飞机订票系统。它用一台中心计算机连接着 2 000 多个遍布美国各地的终端，用户通过终端进行操作。

这些应用系统的建立构成了计算机网络的雏形。其缺点是中心计算机负荷比较重，通信线路利用率比较低，且这种结构属于集中控制方式，可靠性差。

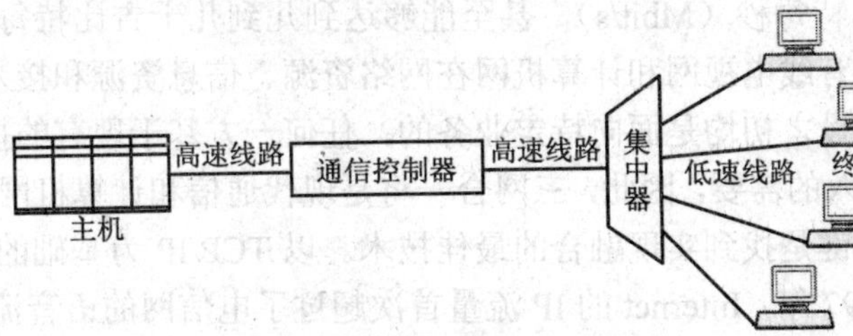

图 1-1　面向终端的联机系统示例

2．第二代计算机网络——计算机—计算机网络

20 世纪 60 年代后期，随着计算机技术和通信技术的发展，出现了将多台计算机通过通信线路连接起来为用户提供服务的网络，这就是计算机—计算机网络，即第二代计算机网络。它与单台计算机作为中心的联机系统的显著区别是：这里的多台计算机都具有自主处理能力，它们之间不存在主从关系。在这种类型的系统中，终端和中心计算机之间的通信已经发展到计算机与计算机之间的通信，如图 1-2 所示。第二代计算机网络的典型代表是美国国防部高级研究所计划部署开发的项目 ARPA 网（ARPAnet）。其缺点是：第二代计算机网络大都是由研究单位、大学和计算机公司各自研制的，没有统一的网络体系结构，不能够适应信息社会日益发展的需要。要实现更大范围的信息交换与共享，把不同的第二代计算机网络互联起来将会十分困难。因而计算机网络必然要向更新的一代发展。

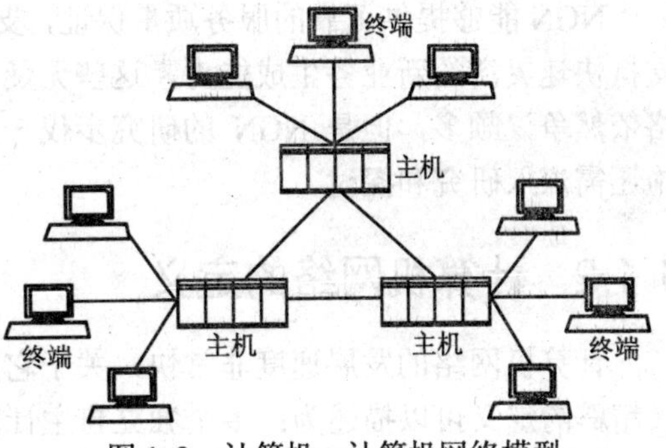

图 1-2　计算机—计算机网络模型

3．第三代计算机网络——开放式标准化网络

第三代计算机网络是开放式标准化网络，它具有统一的网络体系结构，遵循国际标准化协议，标准化使得不同的计算机网络能够方便地互联在一起。

国际标准化组织（International Standards Organization，ISO）在 1979 年正式颁布了一个开放式系统互联参考模型（Open System Interconnection Reference Model，OSI/RM）的国际标准。该模型分为 7 个层次，有时也称 OSI 七层参考模型。OSI 模型已经被国际社会普遍接受，并且被认为是计算机网络体系结构的基础。

第三代计算机网络的典型代表是 Internet（因特网），它是在原 ARPAnet 的基础上经过改造而逐步发展起来的，它对于任何计算机开放，只要遵循 TCP/IP 协议并且申请到 IP 地址，就可以通过信道接入 Internet。这里 TCP 和 IP 是 Internet 所采用的一套协议中最核心的两个协议，它们虽然不是某个国际组织制定的标准，但由于被广泛采用，已经成为事实上的国际标准。

4．第四代计算机网络——宽带化、综合化、数字化网络

进入 20 世纪 90 年代后，计算机网络开始向宽带化、综合化、数字化方向发展。这就是人们常说的新一代网络或者称为第四代计算机网络。

新一代计算机网络在技术上最重要的特点是综合化、宽带化。综合化是指将多种业务、多种信息综合到一个网络中来传送。宽带化也称网络高速化，就是指网络的数据传输速率可以达到几十到几百兆比特每秒（Mbit/s），甚至能够达到几到几十吉比特每秒（Gbit/s）的数量级。传统的电信网、有线电视网和计算机网在网络资源、信息资源和接入技术方面虽然各有特点与优势，但是建设之初均是面向特定业务的，任何一方基于现有的技术都不能够满足用户宽带接入、综合接入的需要，因此，三网合一将是现代通信和计算机网络发展的大趋势。

实现三网合一的关键是找到实现融合的最佳技术。以 TCP/IP 为基础的 IP 网在近几年内取得了迅猛的发展。1997 年，Internet 的 IP 流量首次超过了电信网的语音流量，而且 IP 流量还在直线上升。IP 网络已经从过去单纯的数据载体逐步发展成为支持语音、数据和视频等多媒体信息的通信平台，因此 IP 技术被认为是实现三网合一的最佳技术。

5. 下一代网络（NGN）

NGN 是下一代网络（Next Generation Network 或者 New Generation Network）的缩写。NGN 以软交换为核心，能够提供语音、视频和数据等多媒体综合业务，采用开放、标准体系结构，能够提供丰富业务的下一代网络。

NGN 能够提供可靠的服务质量保证，支持语音、视频和数据多媒体业务承载能力，具有支持快速灵活的新业务生成能力，这些无疑是电信产业发展关注的焦点。尽管对于下一代网络依然争议颇多，但是 NGN 的研究步伐一直没有停滞，变革是一定的，但是如何演进和实施还需深入研究和探讨。

1.1.2 计算机网络的定义

计算机网络的发展速度非常快，关于它的定义与术语也在不断地演变。其中，一种简单又精辟的定义可以描述为：多个独立自主计算机的互联集合。通常，大家比较一致地将计算机网络定义为：计算机网络是将若干台独立的计算机通过传输介质相互物理连接，并通过网络软件逻辑地相互联系在一起而实现信息交换、资源共享、协同工作和在线处理等功能的计算机系统。其中，资源共享是指在计算机网络中的各个计算机用户均能够享受网络内其他各个计算机系统中的全部或者部分资源。

该定义涉及以下 4 个方面的问题。

① 两台或者两台以上的计算机互联起来才能构成网络。

② 网络中的各个计算机具有独立的信息处理能力，相互进行通信，需要一条通道以及必要的通信设备。通道可以是有线的，例如双绞线，也可以是无线的，比如微波；通信设备则由通信线路以及相关的传输和交换设备组成，比如交换机、集线器等。

③ 计算机之间要通信，要交换信息，就需要某些约定和规则，称为网络协议。

④ 计算机网络的主要目的是实现计算机资源共享，使用户能够共享网络中的所有硬件、软件和数据资源。

1.1.3 计算机网络的功能与应用

1. 计算机网络的功能

计算机网络的功能十分强大，主要包括以下几种。

① 数据交换和通信。计算机网络中的计算机之间或计算机与终端之间，可以快速可靠地相互传递数据、程序或文件。

② 资源共享。充分利用计算机网络中提供的资源（包括硬件、软件和数据）是计算机网络组网的主要目标之一。

③ 提高系统的可靠性和可用性。在一些用于计算机实时控制和要求高可靠性的场合，通过计算机网络实现备份技术可以提高计算机系统的可靠性。

④ 分布式网络处理和负载均衡。对于大型的任务或当网络中某台计算机的任务负荷太重时，可将任务分散到网络中的各台计算机上进行，或由网络中比较空闲的计算机分担负荷。

2．计算机网络的应用

由于计算机网络具有上述多种功能，使得它在工业、农业、文化教育、科学研究等多个领域获得了越来越广泛的应用。

① 在教育、科研中的应用。通过全球计算机网络，科技人员可以查询各种文件和资料，可以互相交流学术思想和交换实验资料，甚至可以在计算机网络上进行国际合作研究项目。在教育方面可以开设网上学校，实现远程授课，学生可以在家里或其他可以将计算机接入计算机网络的地方利用多媒体交互功能听课，不懂的问题可以随时提问和讨论。学生可以从计算机网络上获得学习参考资料，并且可通过网络交付作业和参加考试。

② 在办公中的应用。计算机网络可以使单位内部实现办公自动化，实现软、硬件资源共享。如果将单位内部网络接入 Internet，还可以实现异地办公。如通过 WWW 或电子邮件，公司可以很方便地与分布在不同地区的子公司或其他业务单位建立联系，及时交换信息。在外的员工通过网络还可以与公司保持通信，得到公司的指示和帮助。企业可以通过 Internet，搜集市场信息并发布企业产品信息。

③ 在商业上的应用。随着计算机网络的广泛应用，电子数据交换（Electronic Data Interchange，EDI）已成为国际贸易往来的一个重要手段，它以一种被认可的数据格式，使分布在全球各地的贸易伙伴可以通过计算机传输各种贸易单据，代替了传统的贸易单据，节省了大量的人力和物力，提高了效率。通过网络可以实现网上购物和网上支付，例如，登录“当当”网上书城（www.dangdang.com）购买图书。

④ 在通信、娱乐中的应用。20 世纪个人之间通信的基本工具是电话，21 世纪个人之间通信的基本工具是计算机网络。目前，计算机网络所提供的通信服务包括电子邮件、网络新闻、网络寻呼与聊天和 IP 电话等。目前，电子邮件已广泛应用。Internet 上存在着很多新闻组，参加新闻组的人可以在网上对某个感兴趣的问题进行讨论，或是阅读有关这方面的资料，这是计算机网络应用中很受欢迎的一种通信方式。网络寻呼不但可以实现在网络上进行寻呼的功能，还可以在网友之间进行网络聊天和文件传输等。IP 电话也是基于计算机网络的一类典型的个人通信服务。

家庭娱乐正在对信息服务业产生着巨大的影响，人们可以在家里点播电影和电视节目。电影可以为交互形式，观众在看电影时可以不时参与到电影情节中去；家庭电视也可以成为交互形式的，观众可以参与到猜谜等活动之中。家庭娱乐中最重要的应用是在游戏上。目前有很多人喜欢多人实时仿真游戏，如果使用虚拟现实的头盔和三维、实时、高清晰度的图像，就可以共享虚拟现实的很多游戏和进行多种训练。

随着网络技术的发展和各种网络应用的需求增加，计算机网络应用的范围在不断扩大，应用领域越来越广、越来越深入，许多新的计算机网络应用系统不断地被开发出来，如工业自动控制、辅助决策、虚拟大学、远程教学、远程医疗、管理信息系统、数字图书馆、电子博物馆、全球情报检索与信息查询、网上购物、电子商务、电视会议、视频点播等。

因此，在多维化发展的趋势下，许多网络应用的形式不断涌现，以下列举了常用的几种形式。

① 网页浏览——这是网络应用最广泛的形式。任何人只要能连接上 Internet，就能浏览网页，如社会新闻、企业信息等。

② 电子邮件——这是一种普遍的网络交流方式之一。和传统的邮递系统相比，大大提高了效率，节省了成本。

③ 网上交易——就是通过网络做生意。其中有些是通过网络直接结算，运用电子货币。这对网络的安全性要求比较高。

④ 视频点播——这是一项新兴的娱乐或学习项目，在智能小区、酒店或学校应用较多。它的形式与电视选台有些相似，不同的是节目内容是通过网络传递的。

1.2 计算机网络的组成与结构

1.2.1 计算机网络的基本组成

一种计算机网络系统，不论是简单的还是复杂的，一般都由计算机系统、网络软件和网络硬件三大部分组成。而网络软件系统和网络硬件系统是网络系统赖以存在的基础。在网络系统中，硬件对网络的选择起着决定性作用，而网络软件则是挖掘网络潜力的工具。

1. 计算机系统

计算机系统主要完成数据信息的收集、存储、处理和输出任务，并且提供各种网络资源。计算机系统根据在网络中的用途，可以分为服务器（Server）和工作站（Workstation）。

服务器主要用来负责数据处理和网络中的控制，并且构成网络中的主要资源。

工作站又称为“客户机”，是连接到服务器上的计算机，相当于网络中的一个普通用户，它可以使用网络上的共享资源。

2. 网络软件

在网络系统中，网络上的每个用户都可享有系统中的各种资源，系统必须对用户进行控制。否则，就会造成系统混乱、信息数据的破坏与丢失。为了协调系统资源，系统需要通过软件工具对网络资源进行全面的管理、调度和分配，并采取一系列安全保密措施，防止用户对数据和信息的不合理访问，以防数据和信息的破坏与丢失。

网络软件是实现网络功能不可缺少的软件环境。通常，网络软件有以下几种类型。

① 网络协议和协议软件：通过协议程序实现网络协议功能。

② 网络通信软件：通过网络通信软件实现网络工作站之间的通信。

③ 网络操作系统：网络操作系统是用以实现系统资源共享、管理用户访问不同资源的应

用程序，它是最主要的网络软件。

④ 网络管理及网络应用软件：网络管理软件是用来对网络资源进行管理和对网络进行维护的软件；网络应用软件是为网络用户提供服务并为网络用户解决实际问题的软件。

网络软件最重要的特征是：网络管理软件所研究的重点不是在网络中互联的各个独立的计算机本身的功能，而是如何实现网络特有的功能。

3．网络硬件

网络硬件是计算机网络系统的物质基础。要构成一个计算机网络系统，首先要将计算机及其附属硬件设备与网络中的其他计算机系统连接起来。不同的计算机网络系统在硬件方面是有差别的。随着计算机技术和网络技术的发展，网络硬件日趋多样化，功能更加强大、更加复杂。

目前常用的网络硬件有以下几种。

① 线路控制器（Line Controller，LC）：主计算机或终端设备与线路上调制解调器的接口设备。

② 通信控制器（Communication Controller，CC）：用以对数据信息各个阶段进行控制的设备。

③ 通信处理机（Communication Processor，CP）：主要作为数据交换的开关，负责通信处理工作。

④ 前端处理机（Front End Processor，FEP）：负责通信处理工作的设备。

⑤ 集中器（Concentrator，C）、多路选择器（Multiplexor，MUX）：通过通信线路分别和多个远程终端相连接的设备。

⑥ 主机（Host Computer，HOST）。

⑦ 终端（Terminal，T）。

随着计算机网络技术的发展和网络应用的普及，网络节点设备会越来越多，功能也更加强大，设计也更加复杂。

1.2.2 计算机网络的结构——通信子网与资源子网

为了简化计算机网络的分析与设计，有利于网络硬件和软件的配置，按照其系统功能，可以将计算机网络划分为通信子网和资源子网两大部分，如图 1-3 所示。

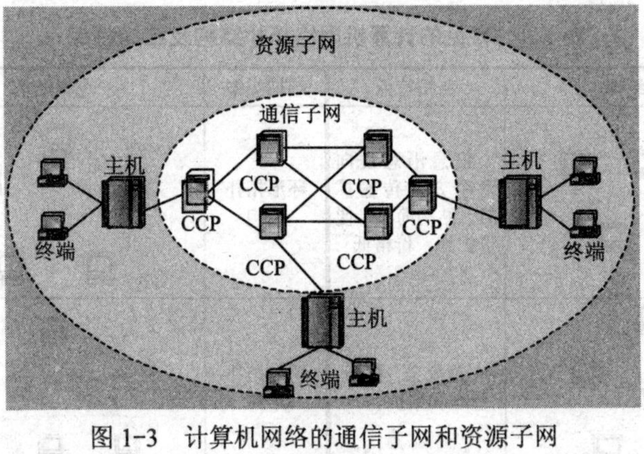

图 1-3 计算机网络的通信子网和资源子网

1. 通信子网

通信子网包括负责数据通信的通信控制设备和通信线路，如路由器、交换机及各类网线，主要完成网络中主机之间的数据传输、交换、控制等任务。

2. 资源子网

资源子网负责处理数据的计算机和终端设备，如 PC 机、服务器，主要向网络客户提供各种网络资源和网络服务。网络资源包括文件资源、数据资源、硬件资源等；网络服务包括 DNS 服务、代理服务等。

将计算机网络分为通信子网和资源子网，符合计算机网络体系结构的分层思想，方便对网络进行研究与设计。它们可以单独地规划与管理，简化整个网络设计与运行。用户通过资源子网不仅共享通信子网中的资源，而且还可以共享用户资源子网中的硬件和软件资源。

1.3 计算机网络的拓扑结构

1.3.1 拓扑的基本概念

拓扑学是几何学的一个分支，是从图论演变而来。拓扑学首先把实体抽象成与其大小、形状无关的点，将连接实体的线路抽象成线，进而研究点、线、面之间的关系。在计算机网络中，抛开网络中的具体设备，把工作站、服务器等网络单元抽象为“点”，把网络中的通信电缆等通信媒体抽象为“线”，这样从拓扑学的观点看计算机网络系统，就形成了点和线组成的几何图形，从而抽象出了计算机网络系统的具体结构。因此，计算机网络拓扑就是通过网络中节点与通信线路之间的几何关系表示网络结构，反映出网络中各实体间的结构关系。注意：计算机网络拓扑结构主要是指通信子网的拓扑结构。

1.3.2 常见的计算机网络拓扑结构

网络拓扑结构是计算机网络的一个重要特性，它影响着整个网络的设计、性能、可靠性以及建设和通信费用等方面。主要包括总线型、环形、星形和树形结构等，如表 1-1 所示。

表 1-1 常见的计算机网络拓扑结构及结构特点

结构类型	逻辑结构	结构特点	结构类型	逻辑结构	结构特点
总线型拓扑结构	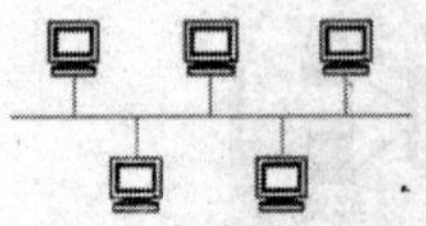	信息沿总线向两个方向传输扩散。结构简单、便于扩充、价格低	环形拓扑结构	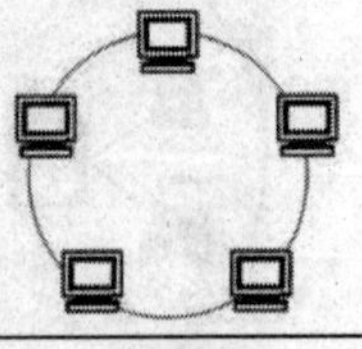	可单向，也可双向节点故障，可自动旁路，可靠性较高
星形拓扑结构	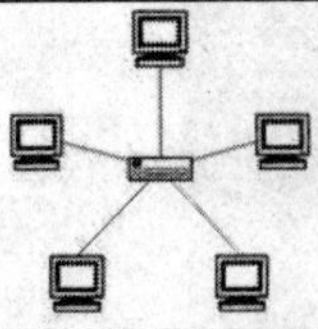	最安全，便于管理和维护	树形拓扑结构	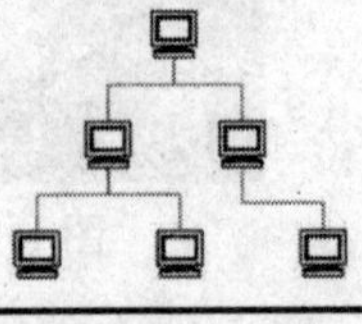	较复杂、适用于广域网

1．总线型结构

总线型结构网络是采用一条单根的总线为公共的传输通道，所有的节点都通过相应的接口直接连接到总线上，并通过总线进行数据传输。在总线型网络中，作为数据通信必经的总线负载能量是有限度的，这主要由通信媒体本身的物理特性来决定，因此总线型网络中工作站节点的个数是有限的，实时性比较差。

每个节点共享总线的全部容量，在总线型网络上的每个节点都被动地侦听接收到的数据。当一个节点向另一个节点发送数据时，它先向整个网络广播一条警报消息，通知所有的节点它将发送数据，目标节点将接收发送给它的数据，在发送方和接收方之间的其他节点将忽略这条消息。

2．环形结构

环形结构网络是网络中的各个节点通过环接口连在一条首尾相接的闭合环形通信线路，每个节点设备只能与它相邻的一个或两个节点设备直接通信。它的可靠性比较高，但由于环路是封闭的，不便于扩充，系统响应延时长，且信息传输效率相对较低。

3．星形结构

星形结构网络是每个节点都由一条点到点链路与中心节点（公用中心交换设备，如交换机、集线器等）相连。网络的可靠性低，网络共享能力差，并且一旦中心节点出现故障则会导致全网瘫痪。

4．树形结构

树形结构网络是从总线型和星形结构演变来的。网络中的节点设备都连接到一个中央设备（如集线器）上，但并不是所有的节点都直接连接到中央集线器，大多数节点首先连接到一个次级集线器，次级集线器再与中央集线器连接。

树形结构有两种类型，一种是由总线型拓扑结构派生出来的，它由多条总线连接而成；另一种是星形结构的变形，各节点按一定的层次连接起来，形状像一棵倒置的树，故得名树形结构。

1.4 计算机网络的分类

计算机网络可按不同的标准进行分类，下面讲解主要的几种分类方式。

1.4.1 按通信距离划分

按照通信距离，可分为局域网（Local Area Network，LAN）、广域网（Wide Area Network，WAN）和城域网（Metropolitan Area Network，MAN）。

1．局域网（LAN）

局域网（LAN）是一种将小区域范围内的各种通信设备互联在一起的通信网络。它由互联的计算机、打印机和其他在短距离间共享硬件、软件资源的计算机设备组成。一般在一个建筑物内或一个工厂、事业单位内部，为单位独有。局域网距离可在十几公里以内，信道传输速率可达 1～20 Mbit/s，结构简单，布线容易。图 1-4 就是一个简单的局域网。

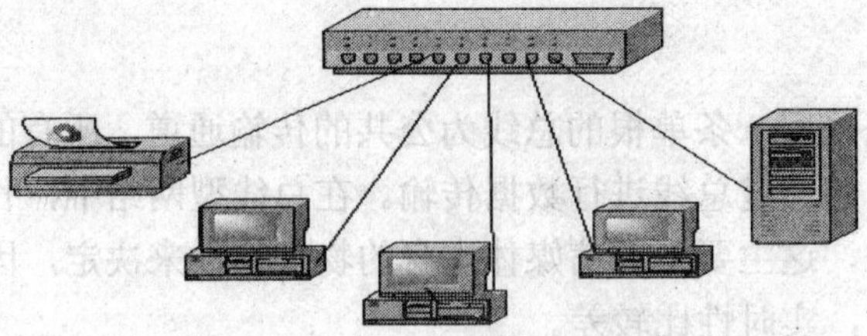

图 1-4　简单的局域网示意图

目前常见的两种重要的局域网分别是高速局域网和虚拟局域网。

（1）高速局域网

以太网和令牌环网等属于传统的局域网，它们传输速率较低，有别于高速局域网。常见的高速局域网有 FDDI 网、快速以太网、千兆以太网、交换式局域网、ATM 网、无线局域网等。

① FDDI 是一种以 100 Mbit/s 速率传输数据的令牌环技术。

② 快速以太网的数据传输速率可以达到 100 Mbit/s。

③ 千兆以太网在局域网组网技术上与 ATM 形成竞争格局，它的数据传输速率为 1 000 Mbit/s。

（2）虚拟局域网

随着交换式局域网技术的飞速发展，交换技术将共享介质改为独占介质，大大提高了网络速度。交换局域网结构逐渐取代了传统的共享介质局域网。虚拟局域网（Virtual LAN，VLAN）并不是一种新型局域网，它只是给用户提供的一种服务，其技术基础是交换局域网。

虚拟局域网的一组节点可以位于不同的物理段上，但是它们并不受节点所在物理位置的束缚，相互之间通信就好像在一个局域网中一样。虚拟局域网可以跟踪节点位置的变化，当节点的物理位置改变时，无须人工进行重新配置。因此虚拟局域网的组网方法十分灵活，且安全性较好。

2．广域网（WAN）

广域网（WAN）范围很广，通常跨接很大的物理范围，它能连接多个城市或国家并能提供远距离通信。广域网基于报文交换或分组交换技术（传统的公用电话交换网除外），其信道传输速率较低，一般小于 0.1Mbit/s，结构比较复杂。图 1-5 是一个广域网的结构示意图。

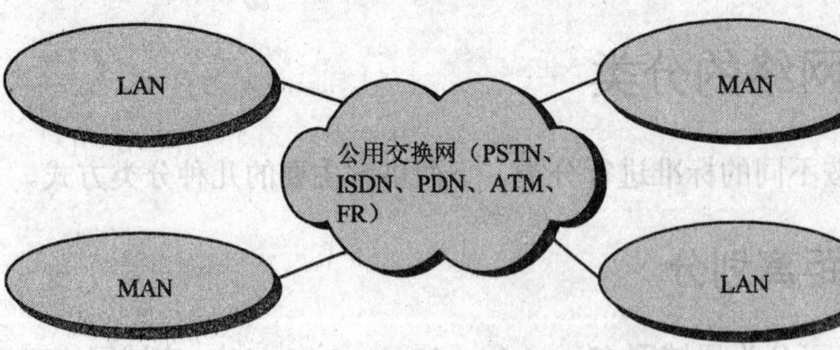

图 1-5　广域网的结构示意图

目前常见的广域网有公用交换电话网 PSTN、综合业务数字网 ISDN 和 ATM 网。

（1）公用交换电话网（Public Switched Telephone Network，PSTN）

PSTN 也就是大多数家庭使用的典型的电话网络，是以电路交换技术为基础的用于传输模拟话音的网络。PSTN 的缺点在于它无法达到许多广域网应用所要求的质量。更大的限制在于它的通信能力即吞吐量。

（2）综合业务数字网（Integrated Services Digital Network，ISDN）

ISDN 是一种国际标准，是国际电信联盟为了在数字线路上传输数据而开发的。与 PSTN 一样，ISDN 使用电话载波线路进行拨号连接。但它和 PSTN 又截然不同，它独特的数字链路可以同时传输数据和语音。ISDN 线路可以同时传输两路话音和一路数据。常用的 ISDN 连接有两种类型：N-ISDN（窄带综合业务数字网，Narrowband-ISDN）和 B-ISDN（宽带综合业务数字网，Broadband-ISDN）。

（3）异步传输模式（Asynchronous Transfer Mode，ATM）

ATM 是一种广域网传输方法。它可以利用固定数据包的大小这种方法达到从 25～622 Mbit/s 的传输速率。ATM 技术建立在电路交换和分组交换的基础上，是一种面向连接的快速分组交换技术。它的基本思想是让所有的信息都以一种长度较小且大小固定的信元（Cell）进行传输。

3．城域网（MAN）

城域网（MAN）是指在一个城市内部组建的计算机信息网络，提供全市的信息服务。目前我国许多城市正在建设城域网。

1.4.2 按交换方式划分

按照交换方式可分为线路交换网络（Circurt Switching）、报文交换网络（Message Switching）和分组交换网络（Packet Switching）。

线路交换（Circurt Switching）最早出现在电话系统中，早期的计算机网络就是采用这种方式来传输数据的，数字信号经过变换成为模拟信号后才能在线路上传输。

报文交换（Message Switching）是一种数字化网络。当通信开始时，源机发出的一个报文被存储在交换器里，交换器根据报文的目的地址选择合适的路径发送报文，这种方式称做存储—转发方式。

分组交换（Packet Switching）也采用报文传输，但它不是以不定长的报文作为传输的基本单位，而是将一个长的报文划分为许多定长的报文分组，以分组作为传输的基本单位。不仅大大简化了对计算机存储器的管理，也加速了信息在网络中的传播速度。由于分组交换优于线路交换和报文交换，具有更多的优点，因此它已成为计算机网络的主流。

1.4.3 按网络拓扑结构划分

按照网络拓扑结构划分，可分为星形网络、树形网络、总线型网络、环形网络和网状网络。内容可以参看本书 1.3 节中计算机网络的拓扑结构，在此不再叙述。

习 题 1

1. 计算机网络的发展可以划分为哪几个阶段？每个阶段各有什么特点？
2. 计算机网络分为哪两个子网？它们各实现什么功能？
3. 简述计算机网络的功能。
4. 简述计算机网络各种拓扑结构的特点。

第 2 章　数据通信——计算机网络的基础

学习目标

了解数据通信的主要技术指标，掌握数据传输技术以及数据多路复用技术的应用，理解模拟数据与数字数据的编码与调制方法。

主要内容

★ 数据通信的技术指标
★ 数据传输技术
★ 数据的编码与调制
★ 多路复用技术

计算机网络涉及计算机科学与数据通信两个领域。数据通信是指在两点或者多点之间以二进制形式进行信息传输与交换的过程。由于目前大多数信息传输与交换是在计算机之间或者计算机与打印机等外围设备之间进行的，所以数据通信也可称为计算机通信。

2.1　数据通信的基本概念

2.1.1　信息、数据和信号

① 信息（Information）：不同领域对信息有着不同的定义。一般而言，信息是指人对现实世界事物存在方式和运行状态的某种认识，是客观事物属性和相互联系的特性表现，它反映了客观事物的存在形式和运动观念。

② 数据（Data）：是把事物的某些属性规范化后的表现形式。在计算机网络中，数据通常被广泛地理解为“信息的数字化形式”，即被传输的二进制代码。

③ 信号（Signal）：是数据在传输过程中的电磁波表示形式，是数据的电子或者电磁编码。

数据以信号的形式在计算机网络中传输。

数据可以用数字信号和模拟信号两种方式来表示，如图 2-1 所示。模拟信号是一种波形连续变换的电信号，它的取值可以是无限个，例如，电话送出的话音信号、电视摄像产生的图像信号等；而数字信号是一种离散信号，它的取值是有限的。信号沿着通信介质流动从而实现数据的传输。

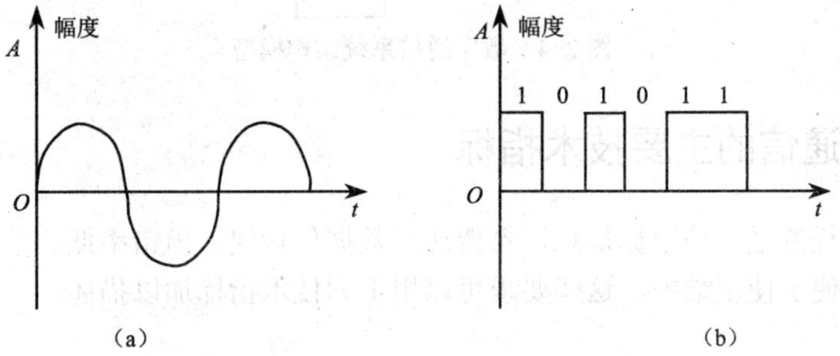

图 2-1　模拟信号与数字信号

（a）连续的模拟信号　（b）离散的数字信号

2.1.2　数据通信系统的基本结构

数据通信系统是指以计算机为中心，用通信线路与数据终端设备连接起来，执行数据通信的系统。图 2-2 是最基本的数据通信系统，它由计算机（信源）、终端设备（信宿）、通信线路、信号变换器和反信号变换器组成。

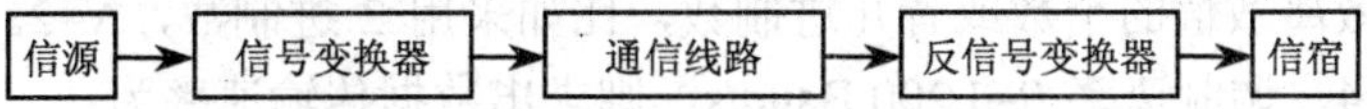

图 2-2　数据通信系统的基本组成

在数据通信系统中，传输模拟信号的系统称为模拟通信系统，而传输数字信号的系统称为数字通信系统。

1．模拟通信系统

普通的电话、广播、电视等都属于模拟通信系统。模拟通信系统通常由信源、调制器、信道、解调器、信宿以及噪声源组成。信源所产生的原始模拟信号一般都要经过调制后再通过信道传输。到达信宿后，再通过解调器将信号解调出来，如图 2-3 所示。

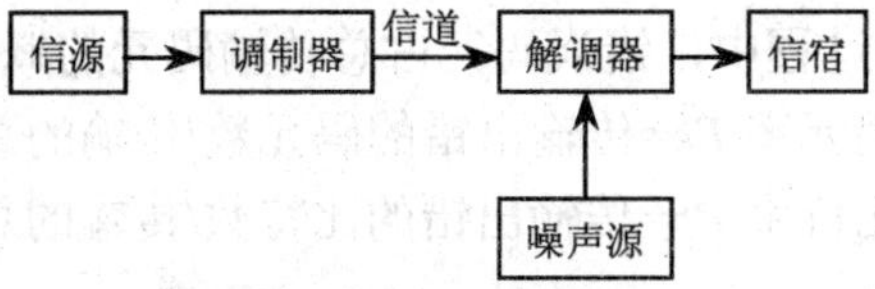

图 2-3　模拟通信系统结构模型

2．数字通信系统

计算机通信、数字电话以及数字电视都属于数字通信系统。数字通信系统有信源、信源编码器、信道编码器、调制器、信道、解调器、信道译码器、信源译码器、信宿以及噪声源组成。在发送端还有时钟同步系统，如图 2-4 所示。

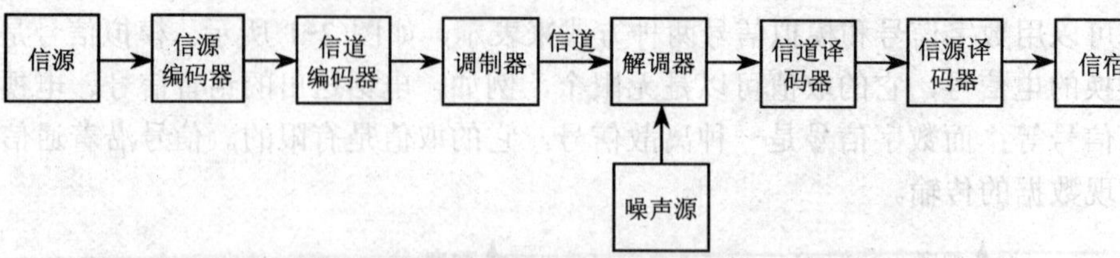

图 2-4　数字通信系统结构模型

2.1.3　数据通信的主要技术指标

数据通信的任务是传输数据信息，希望达到数据传输快、出错率低、信息量大、可靠性高，并且经济又便于使用维护。这些要求可以用下列技术指标加以描述。

1．传输率

传输率是指数据在信道中传输的速度，它又可以分为码元速率和数据传输速率。

① 码元速率（B）：指每秒钟传输的码元数，单位为波特/秒（Baud/s），又称为波特率或者调制速率。

② 数据传输速率（R）：指每秒钟传送的信息量，单位为比特/秒（bit/s），又称为比特率。

码元速率与数据传输速率之间的对应关系式：

$$R=B\log_2 N\ (\text{bit/s})$$

其中，N 是指有效离散值的个数或者几进制数，比如采用 2 进制数，N=2。例如，采用四相调制方式，即 N=4，调制速率 B=1 200 Baud/s，则求出数据传输速率为：

$$R=1\,200\times\log_2 4=1\,200\times 2=2\,400\ \text{bit/s}$$

通过上例可以发现，虽然数据传输速率和调制速率都是描述信道速度的指标，但是它们是完全不同的两个概念。假如调制速率是公路上单位时间内经过的卡车数，数据传输速率是单位时间内经过的卡车所装运的货物箱数。如果一车装一箱货物，则单位时间内经过的卡车数与单位时间内卡车所装运的货物箱数相等；如果一车装多箱货物，则单位时间内经过的卡车数便小于单位时间内卡车所装运的货物箱数。

2．误码率和误比特率

误码率是指码元在传输过程中，错误码元占总传输码元的概率。

误码元率 Pe=传输出错的码元数/传输的总码元数

误比特率 Pb=传输出错的比特数/传输的总比特数

3．信道带宽和信道容量

信道带宽是指信道中传输的信号在不失真的情况下所占用的频率范围，通常称为信道的通频带，单位用赫兹（Hz）表示。

信道容量是衡量一个信道传输数字信号的重要参数。信道容量是指单位时间内信道上所能传输的最大比特数，用比特每秒（bit/s）表示。

2.2 数据传输技术

2.2.1 信号传输方式

1. 基带传输

在数据通信中，数字信号是一个离散的矩形波，“0”代表低电平，“1”代表高电平。这种矩形波固有的频带称为基带，矩形波信号称为基带信号。实际上基带就是数字信号所占用的基本频带。在信道上直接传输数字信号称为基带传输。

基带传输系统安装简单、成本低，主要用于总线拓扑结构的局域网，在2.5 km的范围内，可以达到10 Mbit/s的传输速率。

2. 频带传输

频带传输是指将数字信号调制成音频信号后再进行发送和传输，到达接收端时再把音频信号解调成原来的数字信号。可见，在采用频带传输方式时，要求发送端和接收端都要安装调制器和解调器。利用频带传输，不仅解决了利用电话系统传输数字信号的问题，而且可以实现多路复用，以提高传输信道的利用率。

3. 宽带传输

宽带传输常采用电视同轴电缆（CATV）或光纤作为传输媒体，带宽为300 MHz。使用时通常将整个带宽划分为若干个子频带，分别用这些子频带来传送音频信号、视频信号以及数字信号。

宽带传输的优点是传输距离远，可达几十公里，而且同时提供了多个信道。但它的技术较复杂，其传输系统的成本也相对较高。

2.2.2 通信线路连接方式

1. 点对点的连接方式

点对点的连接方式就是两个节点用一条线路连接，这种方式所使用的线路可以是专用线路，或者是交换线路。使用点对点的连接方式，节点一般都是较为分散的数据终端设备，不能和其他终端合用线路或被集中器集中，如图2-5所示。

2. 多点线路连接

多点线路连接是指各个站点通过一条公共通信线路连接，如图2-6所示。

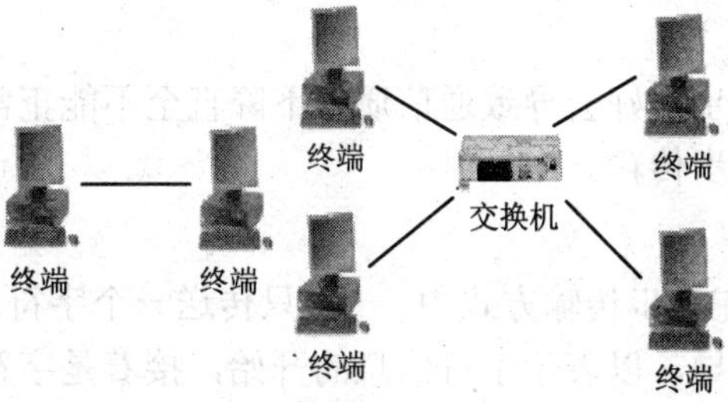

图2-5　点对点的线路连接

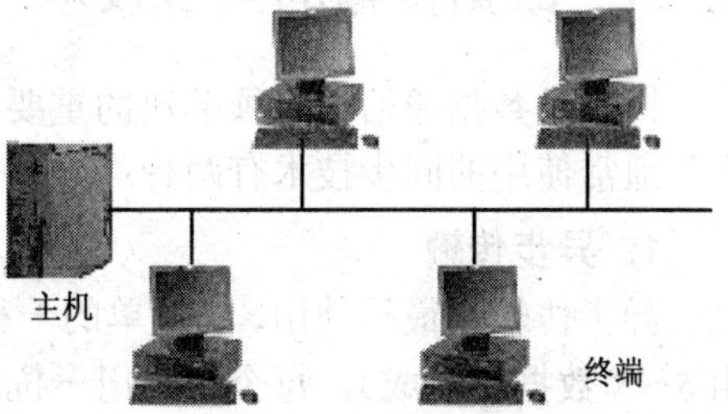

图2-6　多点线路连接

2.2.3 数据通信方式

在计算机内部各部件之间、计算机与各种外部设备之间以及计算机与计算机之间都是以通信的方式传递交换数据信息。通信有两种基本方式：串行方式和并行方式。通常情况下，并行方式用于近距离通信，串行方式用于距离较远的通信，但是在计算机网络中，串行通信方式更具有普遍意义。

1. 并行通信方式

计算机内部的数据通信通常以并行方式进行，并行的数据传送线称为总线。在同一个单位时间内可以传送多个数据位。

2. 串行通信方式

串行方式经常适用于远距离的数据传输，在同一时刻只能够传输一位数据。根据数据信号在信道上的传输方向，可以将串行通信方式分为单工通信、半双工通信和全双工通信三种。

（1）单工通信（Simplex）

单工方式通信信道是单向信道，发送端和接收端身份是固定的，发送端只能发送信息，不能接收信息；接收端只能接收信息，不能发送信息。数据信号仅从一端传送到另一端，即信息流是单方向的，如图 2-7 所示。例如，无线电广播和电视都属于单工通信。

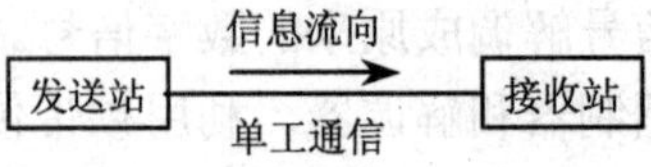

图 2-7 单工通信方式

（2）半双工通信（Half Duplex）

半双工通信是指信号可以沿两个方向传送，但同一时刻一个信道只允许单方向传送，即两个方向的传输只能交替进行，而不能同时进行。当改变传输方向时，要通过开关装置进行切换，如图 2-8 所示。由于半双工在通信中要频繁地切换信道的方向，所以通信效率较低，但节省了传输信道。半双工通信方式在计算机网络系统适用于终端之间的会话式通信。

（3）全双工通信（Full Duplex）

全双工通信是指数据在同一时刻可以在两个方向上进行传输，如图 2-9 所示。例如，生活中使用的电话通话就是全双工通信。全双工通信效率高，但结构较复杂，成本较高。

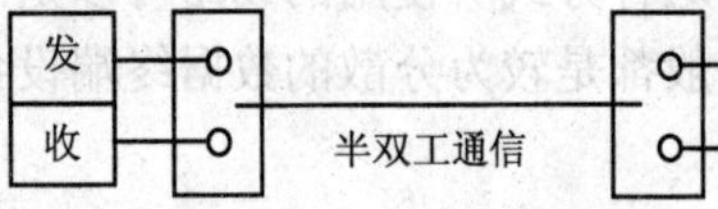

图 2-8 半双工通信

图 2-9 全双工通信

2.2.4 数据传输的同步技术

同步是数据通信中必须解决的重要问题，同步不好会导致通信质量下降直至不能正常工作。通常使用的同步技术有两种：异步传输和同步传输。

1. 异步传输

异步传输是最早使用、最简单的一种方法。在异步传输方式中，一次只传送一个字符（可由 5～8 数据位组成），每个字符用一位起始位引导，以表示字符信息的开始，接着是字符代码，字符代码后面是一位的校验位，最后设置 1～2 位的停止位，以表示传送的字符结束。这样，每一个字符都由起始位开始，在终止位结束，所以也叫做起止式同步。

这种方法实现比较容易，但是每个字符有 2～3 位的额外开销，这就降低了传输效率。

2. 同步传输

同步传输方式中，传输的信息格式是一组字符或一个由二进制位组成的数据块（帧）。在同步传输时，为使接受方能够判定数据块的开始和结束，还必须在每个数据块的开始处和结束处各加一个帧头和一个帧尾。对这些数据，不需要附加起始位和停止位，而是在发送一组字符或数据块之前先发送一个同步字符 SYN 或一个同步字节，用于接收方进行同步检测，从而使收发双方进入同步状态。在同步字符或字节之后，可以连续发送任意多个字符或数据块，发送完毕后，再使用同步字符或字节来标志整个发送过程的结束。

2.3　数据的编码和调制技术

网络中的通信信道分为模拟信道和数字信道，而依赖于信道传输的数据也分为模拟数据与数字数据。因此，数据的编码方法包括数字数据的编码与调制和模拟数据的编码与调制，如图 2-10 所示。

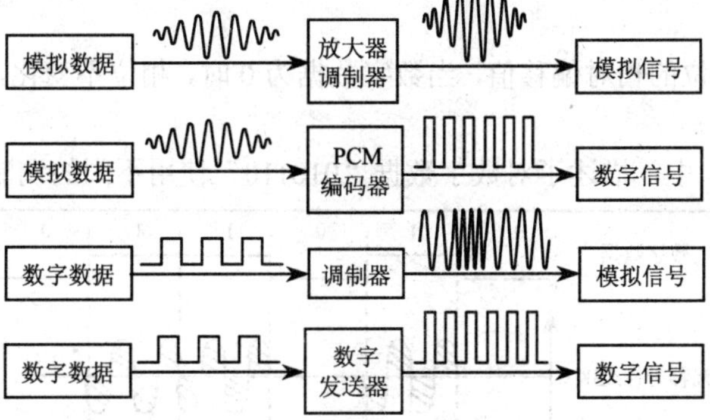

图 2-10　数据的编码与调制方法

2.3.1　数字数据的调制

电话通信信道是典型的模拟通信信道。传统的电话通信信道是为了传输语音信号设计的，用于传输音频 300～3 400 Hz 的模拟信号，不能直接传输数字数据。为了利用模拟语音通信的电话交换网实现计算机的数字数据的传输，必须首先将数字信号转换成模拟信号，也就是要对数字数据进行调制。

模拟信号是由电磁波构成，其波形会不断发生变化。从物理角度去度量一个电磁波形，需要用三个参数：振幅、频率（周期）和相位。其信号可以写成：

$$U(t)=A\cos(\omega t+\varphi)$$

其中　A——振幅；

ω——频率；

φ——相位。

数字数据的调制编码，实际上是通过载波的控制来传递数据的技术。如前所述，发送端根据数据内容命令调制器改变载波的物理特性，接收端则通过解调器从载波上读出这些物理特性的变换并将其还原成数据。

调制常通过改变载波的振幅、频率和相位三种物理特性来完成。

数字数据的调制方式有三种：幅移键控法、频移键控法和相移键控法。

1．幅移键控法（Amplitude Shift Keying，ASK）

ASK 是通过改变载波信号的振幅方法来表示数字信号“1”和“0”的，以载波幅度 A_1 表示数字信号“1”，用载波幅度 A_2 表示数字信号“0”，而载波信号的 ω 和 φ 恒定。

2．频移键控法（Frequency Shift Keying，FSK）

FSK 是通过改变载波信号的频率方法来表示数字信号“1”和“0”的，以频率 ω_1 表示数字信号“1”，用频率 ω_2 表示数字信号“0”，而载波信号的 A 和 φ 恒定。

3．相移键控法（Phase Shift Keying，PSK）

PSK 是通过改变载波信号的相位值来表示数字信号“1”和“0”的，而载波信号的 A 和 ω 恒定。PSK 包括两种类型。

（1）绝对调相

绝对调相使用相位的绝对值，φ为 0 表示数字信号“1”，φ为 π 表示数字信号“0”。

（2）相对调相

相对调相使用相位的相对偏移值，当数字数据为 0 时，相位不变化，而数字数据为 1 时，相位要偏移 π。

例如，在图 2-11 中，描述了对数字数据“010110”使用不同的调制方法的波形图。

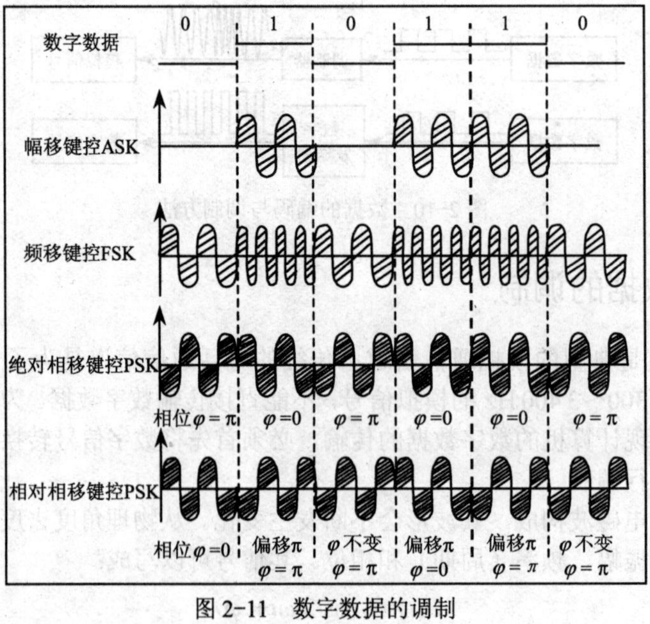

图 2-11　数字数据的调制

2.3.2　数字数据的编码

利用数字通信信道直接传输数据信号的方法称为数字信号的基带传输，而数字数据在传输之前需要进行数字编码。

数字基带传输中数据信号的编码方式主要有三种，分别是不归零编码、曼彻斯特编码和差分曼彻斯特编码。

1．不归零编码（Non-Return to Zero，NRZ）

NRZ 编码可以用负电平表示逻辑“1”，用正电平表示逻辑“0”，反之亦然。NRZ 编码的缺点是无法判断一位的开始或者结束，收发双方不能保持同步。因此，必须在发送编码的同时，用另一信道同时传送同步时钟信号。NRZ 编码是最原始的基带传输方式。

2．曼彻斯特编码（Manchester）

曼彻斯特编码是目前应用最广泛的编码方法之一，其特点是每一位二进制信号的中间都有跳变，若从低电平跳变到高电平，就表示数字信号“1”；若从高电平跳变到低电平，就表示数字信号“0”。

3．差分曼彻斯特编码（Difference Manchester）

差分曼彻斯特编码是对曼彻斯特编码的改进。其特点是每一位二进制信号的跳变依然提供收发端之间的同步，但每位二进制数据的取值，要根据其开始边界是否发生跳变来决定，若一个比特开始处存在跳变则表示“0”，无跳变则表示“1”。

例如，在图 2-12 中，描述了对数字数据“011101001”使用三种不同编码方法得出的波形图。

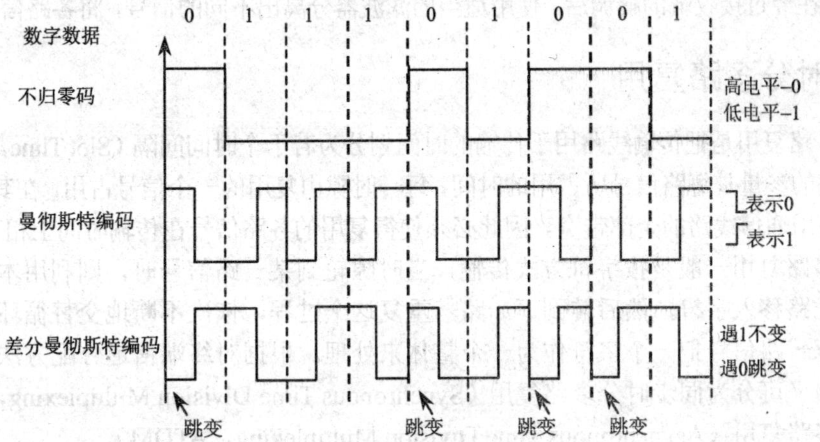

图 2-12　数字数据的编码

2.3.3　模拟数据的调制

在模拟数据通信系统中，信源的信息经过转化形成电信号，比如，人说话的声音经过电话转变为模拟的电信号，这也是模拟数据的基带信号。一般来说，模拟数据的基带信号具有比较低的频率，不宜直接在信道中传输，需要对信号进行调制，将信号搬移到适合信道传输的频率范围内，接受端将接受的已调信号再搬回到原来信号的频率范围内，恢复成原来的消息，比如无线广播。

2.3.4　模拟数据的编码

为了信息处理上的方便，以数字方式来处理各种信息已是技术发展趋势。声音、图像、图片等数据，通过数字化程序转化为数字数据，再进行处理、压缩、传递和存储。因此，模拟信息需转化为数字信息，再通过数字传输技术传输。模拟数据的数字信号编码最典型的是脉冲编码调制（Pulse Code Modulation，PCM）。

脉冲编码调制的工作过程包括三部分：抽样、量化和编码。

2.4 多路复用技术

多路复用技术就是利用一个物理信道同时传输多路数据信号的技术。多路复用系统可以将来自多个信息源的信息进行合并，然后将这一合成的信息群经单一的线路和传输设备进行传输。在接受端的机器中，则设有能将信息群分离成单个信息的设备，因此只用一套发送装置和接收装置就能替代多个设备。

2.4.1 频分多路复用

频分多路复用是将具有一定带宽的线路划分为多条占有较小带宽的信道，各信道的中心频率不重合，每个信道之间相距一定的间隔，每条信道供一路信号使用，在频率上并排地把几个信息通道合在一起，形成一个合成的信号，然后以某种调制方式用这个合成的频分多路复用信号进行调制载波。在经过接收端的解调后，使用适当的滤波器分离出不同的信号，将各路信息恢复出来。

2.4.2 时分多路复用

时分多路复用是把传输线路用于传输的时间划分为若干个时间间隔（Slot Time，也称时隙），其信号分割的参量是每路信号所占用的时间，每一时隙由复用的一个信号占用，在其占用的时隙内，信号使用通信线路的全部带宽。因此必须使得复用的各路信号在传输时间上相互不能重叠。

时分多路复用一般是按字符方式传输，当时隙轮到某一路信号时，则利用本路信号的时钟连续向线路移入字符，然后转到下一路，重复这个过程，依次不断地交替循环。时分多路复用要求每一路信号把一个字符作为一个整体来处理。根据对终端信道分配方法的不同，时分多路复用又可分为同步时分多路复用（Synchronous Time Division Multiplexing，STDM）和异步时分多路复用（Asynchronous Time Division Multiplexing，ATDM）。

（1）同步时分多路复用

同步时分多路复用采用固定时间片分配方式，即将传输信号的时间按特定长度连续地划分成特定时间段，再将每一时间段划分成等长度的多个时隙，每个时隙以固定的方式分配给各路数字信号，各路数字信号在每一时间段都顺序分配到一个时隙。

（2）异步时分多路复用

异步时分多路复用技术能动态地按需分配时隙，以避免每个时间段中出现空闲时隙。也就是说，只有当某一路用户有数据要发送时才把时隙分配给它；当用户暂停发送数据时，则不给它分配时隙。电路的空闲时隙可用于其他用户的数据传输。

2.4.3 波分多路复用

波分多路复用主要用于全光纤网组成的通信系统，波分复用就是光的频分复用。人们借用传统的载波电话的频分复用的概念，可以做到使用一根光纤来同时传输多个频率都很接近的光载波信号，这样就使光纤的传输能力成倍地提高了。由于光载波的频率很高，而习惯上是用波长而不用频率来表示所使用的光载波，因而称为波分复用。

2.4.4　码分多路复用

码分多路复用也是一种共享信道的方法，每个用户可在同一时间使用同样的频带进行通信，但使用的是基于码型的分割信道的方法，即每个用户分配一个地址码，各个码型互不重叠，通信各方之间不会相互干扰，且抗干扰能力强。

2.5　数据交换技术

2.5.1　电路交换

电路交换是一种直接的交换方式，当计算机与终端或者计算机与计算机之间需要通信时，由交换机负责在其间建立一条专用通道，即建立一条实际的物理连接。其通信过程可以分为以下三个阶段。

1．电路建立

通过源节点请求完成交换网中相应节点的连接过程，这个过程建立起一条由源节点到目的节点的传输通道。

2．数据传输

电路建立完成后，就可以在这条临时的专用电路上传输数据，通常为全双工传输。

3．电路拆除

在完成数据传输后，源节点发出释放请求信息，请求终止通信。若目的节点接受释放请求，则发回释放应答信息。在电路拆除阶段，各节点相应地拆除该电路的对应连接，释放由该电路占用的节点和信道资源。

电路交换技术的优点是：传输延迟小；线路一旦接通，不会发生冲突；对于占用信道的用户来说，可靠性和实时响应能力都很好。电路交换的缺点是：建立线路所需时间较长；一旦接通要独占线路，会造成信道浪费。

2.5.2　报文交换

在报文交换（Message Switch）方式中，信息的交换是以报文为单位的，通信的双方无须建立专用通道。例如，当计算机 A 要与计算机 B 进行通信时，计算机 A 需要先把要发送的信息加上报文头，包括目的地址、源地址等信息，并将形成的报文发送给交换设备 IMP（接口信息处理机，或称交换器）。接着交换器把收到的报文信息存入缓冲区并输送进队列等候处理。

交换器依次对输送进队列排队等候的报文信息作适当处理以后，根据报文的目标地址，选择适当的输出链路。如果此时输出链路中有空闲的线路，便启动发送进程，将该报文发往下一个交换器，这样经过多次转发，一直将报文送到指定的目标。

报文交换方式具有如下优点：线路利用率高，信道可为多个报文共享；接受方和发送方无须同时工作，在接受方“忙”时，报文可以暂存交换器处；可同时向多个目标地址发送同一报文；能够在网络上实现报文的差错控制和纠错处理；报文交换网络能进行速度和代码转换。

报文交换的主要缺点是：不适合实时通信或交互通信，也不适合用于交互式的“终端—主机”连接。另外，报文在传输过程中有较大的时间延迟。

2.5.3 分组交换

分组交换就是设想将用户的大报文分割成若干个具有固定长度的报文分组（称为包，Packet）。以报文分组为单位，在网络中按照类似于流水线的方式进行传输，从而可以使各个交换器处于并行操作状态，可以大大缩短报文的传输时间。每一个报文分组均含有数据和目标地址，同一个报文的不同分组可以在不同的路径中传输，到达指定目标后，再将它们重新组装成完整的报文。

2.5.4 虚电路与数据报

在计算机网络中，绝大多数通信子网均采用分组交换技术。根据通信子网的内部机制不同，又可以把分组交换子网分为两类：一类采用连接，即面向连接；另一类采用无连接。在有连接的子网中，连接称为“虚电路”（Virtual Circuit），类似于电话系统中的物理线路；在无连接子网中，独立分组称为“数据报”（Datagram），类似于邮政系统中的电报。

2.6 差错校验技术

2.6.1 差错的产生

根据数据通信系统的模型，当数据从信源发出经过信道传输时，由于信道总存在着一定的噪声，数据到达信宿后，接收的信号实际上是数据信号和噪声信号的叠加。如果噪声对信号的影响非常大，就会造成数据的传输错误。

2.6.2 差错控制

在数据通信的过程中，为了保证将数据的传输差错控制在允许的范围内，就必须采用差错控制方法。

差错控制是指在数据通信过程中发现与检测差错，对差错进行纠正，从而把差错限制在允许范围内的技术和方法。差错控制编码是用以实现差错控制的编码，分为检错码和纠错码两种。

检错码能够自动发现错误的编码，纠错码是既能发现错误、又能自动纠正错误的编码。

目前常用的纠错编码有以下几种。

1. 奇偶校验码

采用奇偶校验码时，在每个字符的数据位（字符代码）传输之前，先检测并计算出数据位中“1”的个数（奇数或偶数），并根据使用的是奇校验还是偶校验来确定奇偶校验位，然后将其附加在数据位之后进行传输。当接收端接收到数据后，重新计算数据位中包含“1”的个数，再通过奇偶校验位就可以判断出数据是否出错。

例如，在发送方，一台计算机将要发送的数据为“01100111”，如果采用奇校验方法，则需要在数据位后添加一个“0”；相反，如果采用偶校验方法，则在数据位后添加一个“1”。

2．循环冗余码（CRC）

循环冗余码（CRC）是数据通信领域中最常用的一种差错校验码，其特征是信息字段和校验字段的长度可以任意选定。它先将要发送的信息数据与一个通信双方共同约定的数据进行除法运算，并根据余数得出一个校验码，然后将这个校验码附加在信息数据帧之后发送出去。接收端在接收数据后，将包括校验码在内的数据帧再与约定的数据进行除法运算，若余数为“0”，则表示接受的数据正确，若余数不为“0”，则表明数据在传输过程中出错。

生成 CRC 码的基本原理是任意一个由二进制位串组成的代码都可以和一个系数仅为“0”和“1”取值的多项式一一对应。例如，代码 1010111 对应的多项式为 $x^6+x^4+x^2+x+1$，而多项式 $x^5+x^3+x^2+x+1$ 对应的代码为 101111。

CRC 码集选择的原则是若设码字长度为 N，信息字段为 K 位，校验字段为 R 位（$N=K+R$），则对于 CRC 码集中的任一码字，存在且仅存在一个 R 次多项式 $g(x)$，使得

$$V(x)=A(x)g(x)=x^R m(x)+R(x)$$

其中　$m(x)$——K 次信息多项式；

$R(x)$——R-1 次校验多项式；

$g(x)$——生成多项式。

$$g(x)=g_0+g_1x+g_2x^2+\cdots+g_{(R-1)}x^{(R-1)}+g_Rx^R$$

发送方通过指定的 $g(x)$产生 CRC 码字，接收方则通过该 $g(x)$来验证收到的 CRC 码字。

例如：假设信息字段代码为 1011001，那么对应的多项式为 $m(x)=x^6+x^4+x^3+1$；

假设生成多项式为 $g(x)=x^4+x^3+1$，则对应 $g(x)$的代码为 11001；

那么 $x^4m(x)=x^{10}+x^8+x^7+x^4$，则对应的代码记为：10110010000。

采用多项式除法，得余数为 1010。（即校验字段为 1010）

发送方：发出的传输字段为 1 0 1 1 0 0 1 1 0 1 0

信息字段　校验字段

接收方：使用相同的生成码进行校验接收到的字段/生成码（二进制除法），如果能够除尽，则正确。

习　题　2

1．什么是数据通信？它的主要技术指标有哪些，这些指标之间有什么关系？

2．简述数据传输的方式。

3．多路复用技术有哪几种？它们各自有什么特点？

4．假设发送方发送的信息码元为 01100111001101，请画出其基带编码、曼彻斯特编码和差分曼彻斯特编码。

第 3 章　计算机网络体系结构

学习目标

了解计算机网络的网络体系结构，熟练掌握 ISO/OSI 七层参考模型中各层的功能，熟悉 TCP/IP 体系结构。

主要内容

★ 网络体系结构
★ ISO/OSI 参考模型
★ TCP/IP 的体系结构

3.1 网络的分层体系结构

3.1.1 协议的要素

通过通信信道和设备互联起来的多个不同地理位置的计算机系统，要使其能够协同工作以实现信息交换和资源共享，它们之间必须具有共同的语言。交流什么、怎样交流以及何时交流，都必须遵循某种互相都能够接受的规则。这些为计算机网络中进行数据交换而建立的规则、标准或约定的集合称为网络协议（Protocol）。

网络协议主要由以下三个要素组成。

1. 语义（Semantics）

语义涉及用于协调与差错处理的控制信息。

2. 语法（Syntax）

语法涉及数据以及控制信息的格式、编码及信号电平等。

3. 定时（Timing）

定时涉及速度匹配和排序等。

3.1.2 分层体系结构

计算机网络系统是一个十分复杂的系统。将一个复杂的系统分解成为若干个容易处理的子系统，然后“分而治之”逐个加以解决，这种结构化设计方法是工程设计中常用的手段。分层就是系统分解的最好方法之一。

计算机网络的各层次结构模型及其协议的集合称为网络的体系结构（Architecture）。体系结构是一个抽象的概念，它精确定义了网络及其部件所实现的功能，但是这些功能究竟用何种硬件或者软件方法来实现则是一个具体实施的问题。换言之，网络的体系结构相当于网络的类型，而具体的网络结构则相当于网络的一个实例。

计算机网络都采用层次化的体系结构。由于计算机网络涉及多个实体间的通信，其层次结构一般以图 3-1 所示的垂直分层模型来表示。

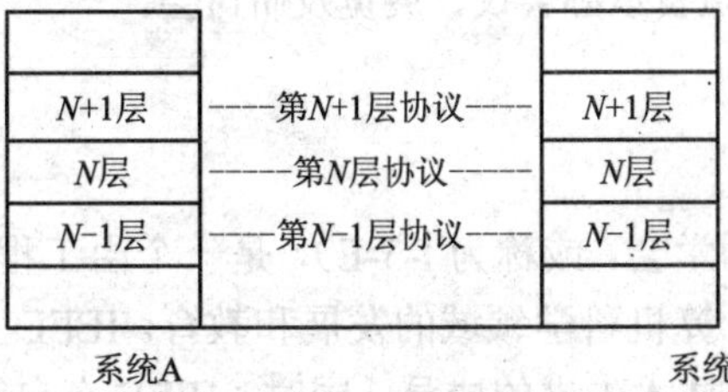

图 3-1　网络层次结构

这种层次结构模型的要点可以归纳以下几点。

① 除了在物理介质上进行的实通信以外，其余各个对等实体之间进行的都是虚通信。

② 对等层的虚通信必须遵循该层的协议。

③ *N* 层的虚通信是通过 *N*/（*N* −1）层间接口处 *N*−1 层提供的服务以及 *N*−1 层的通信（通常也是虚通信）来实现的。

3.2　网络标准化组织

标准是文档化的协议中包含推动某一特定产品或服务应如何被设计或实施的技术规范或其他严谨标准。通过标准，不同的生产厂商可以确保产品、生产过程以及服务适合他们的目的。由于目前网络界所使用的硬件、软件种类繁多，标准尤其重要。如果没有标准，可能由于一种硬件不能与另一种兼容，或者因一个软件应用程序不能与另一个通信而不能进行网络设计。例如，一个厂商设计一个 1cm 宽插头的网络电缆，另一公司生产的槽口为 0.8cm 宽，将无法将电缆插入这种槽口。目前制定网络标准化的组织主要有 ANSI、EIA、IEEE、ISO 与 ITU。

3.2.1　ANSI

ANSI（美国国家标准协会）是由 1 000 多名来自工业界和政府的代表组成的组织，负责制定电子工业的标准，也制定其他行业的标准，如化学和核工程、健康和安全以及建筑行业的标准。ANSI 也代表美国制定国际标准。ANSI 并不命令生产厂商服从它的标准，而是请他们自愿遵守其标准。当然，生产厂商和开发者也能通过遵从标准获得潜在客户。遵从标准，其系统将会是可靠的，可与既存基础设施集成。新的电子设备和方法必须通过严格测试才可能获得 ANSI 的认可。

3.2.2 EIA

EIA（电子工业联盟）是一个商业组织，其代表来自全美各电子制造公司。1924 年 EIA 作为 RMA（无线电生产厂商协会）产生，时至今日，它已涉及电视机、半导体、计算机以及网络设备。该组织不仅为自己的成员设定标准，还帮助制定 ANSI 标准，并进行院外游说促使建立更有利于计算机和电子工业发展的立法。EIA 包括几个下属组织：电信工业协会（TIA），用户电子生产商协会（CEMA），电子部件、组装、设备与供应协会（ECA），联合电子设备工程委员会（JEDEC），固态技术协会，政府处以及电子信息组（EIG）。除了促使立法及制定标准，每个特定组根据自身的研究领域，还负责承办会议、展览及研讨会。

3.2.3 IEEE

IEEE（电气与电子工程师学会，或称为 I-3-E），是一个由工程专业人士组成的国际社团，其目的在于促进电气工程和计算机科学领域的发展和教育。IEEE 主办大量的研讨会、会议和本地分会议，发行刊物以培养技术先进的成员。同时，IEEE 有自己的标准委员会，为电子和计算机工业制定自己的标准，并对其他标准制定组织（如 ANSI）的工作提供帮助。

3.2.4 ISO

ISO（国际标准化组织）是一个代表了 130 个国家的标准组织的集体，它的总部设在瑞士的日内瓦。ISO 的目标是制定国际技术标准以促进全球信息交换和无障碍贸易。你可能认为该组织应被简称为“IOS”，但“ISO”并不意味着首字母缩写。实际上，在希腊语中，“ISO”意味着“平等”。通过这个词汇表达了组织对标准的贡献。

3.2.5 ITU

ITU（国际电信同盟）是联合国特有的管理国际电信的机构，它管理无线电和电视频率、卫星和电话的规范、网络基础设施、全球通信所使用的关税率。它为发展中国家提供技术专家和设备以提高其技术基础。

3.3 开放系统互联参考模型

3.3.1 ISO/OSI 参考模型

为了实现不同厂家生产的计算机系统之间以及不同网络之间的数据通信，国际标准化组织 ISO 对当时的各类计算机网络体系结构进行了研究，并于 1981 年正式公布了一个网络体系结构模型作为国际标准，称为开放系统互联参考模型，即 ISO/OSI 模型。这里的“开放”表示任何两个遵守 ISO/OSI 的系统都可以进行互联，当一个系统能按 ISO/OSI 与另一个系统进行通信时，就称该系统为开放系统。

ISO/OSI 采用分层的结构化技术，它将整个网络功能划分为七层，由底向上依次是物理层、数据链路层、网络层、传输层、会话层、表示层、应用层，如图 3-2 所示。

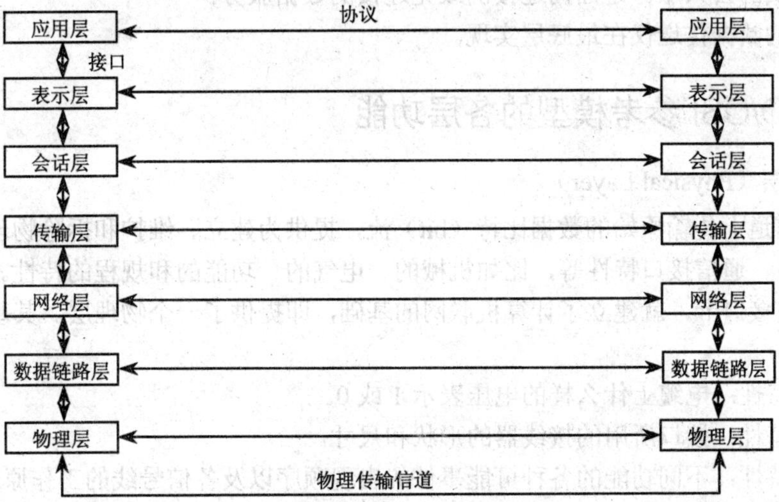

图 3-2　ISO/OSI 参考模型

在 OSI 参考模型中，数据的实际传输过程如图 3-3 所示。图中发送进程发给接收进程的数据，实际上是经过发送方各层从上到下传递到物理介质；通过物理介质传输到接收方后，再经过从下到上各层的传递，最后到达接收进程。

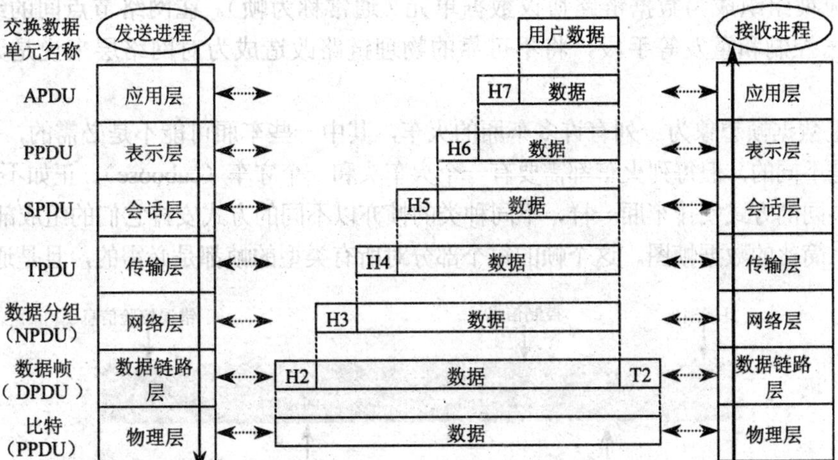

图 3-3　数据的实际传输过程

OSI 参考模型的主要特性为：

① 它是一种异构系统互联的分层结构；

② 提供了控制互联系统交互规则的标注框架；

③ 是一种抽象结构，而不是具体实现的描述；

④ 不同系统上的相同层的实体称为同等层实体，同等层实体之间的通信由该层协议管理，即必须遵循相应的协议；

⑤ 相邻层间的接口，定义了低层向上层提供的服务；

⑥ 所提供的公共服务是面向连接的或无连接的数据服务；

⑦ 直接的数据传送仅在最底层实现。

3.3.2 ISO/OSI 参考模型的各层功能

1．物理层（Physical Layer）

在物理信道上传输原始的数据比特（bit）流，提供为建立、维护和拆除物理链路所需的各种传输介质、通信接口特性等，比如机械的、电气的、功能的和规程的特性。比如在计算机上插入网络接口卡，就建立了计算机联网的基础，即提供了一个物理层。其基本特性包括以下四种。

① 电气特性：电缆上什么样的电压表示 1 或 0。

② 机械特性：接口所用的接线器的形状和尺寸。

③ 过程特性：不同功能的各种可能事件的出现顺序以及各信号线的工作原理。

④ 功能特性：某条线上出现的某一电平的电压表示何种意义。

IEEE 已制定了物理层协议的标准，特别 IEEE 802 规定了以太网和令牌环网应如何处理数据。术语“第一层协议”和“物理层协议”，均是指描述电信号如何被放大及通过电线传输的标准。

2．数据链路层（Data Link Layer）

比特流被组织成为数据链路协议数据单元（通常称为帧）。在网络节点间的线路上通过检测、流量控制和重发等手段，将不可靠的物理链路改造成为对网络层来说是无差错的数据链路。

可以把数据帧想象为一列有许多车厢的火车，其中一些车厢可能不是必需的，每列火车的载货量也是不同的，但每列火车都需要有一个火车头和一个守车（caboose），正如不同种类的火车以略微不同的方式安排车厢一样，不同种类的帧亦以不同的方式安排它们的组成部分。图 3-4 描述了一个简化的数据帧图。这个帧的每个部分对所有类型的帧都是必需的，且是通用的。

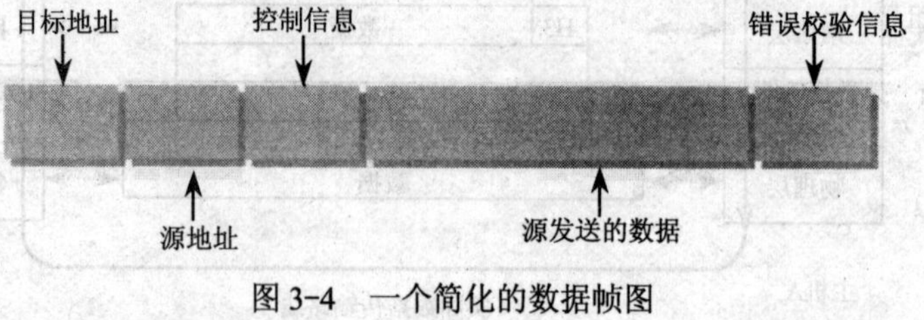

图 3-4　一个简化的数据帧图

3．网络层（Network Layer）

数据以网络协议数据单元（通常称为分组）为单位进行传输，为传输层的数据传输提供建立、维护和终止网络连接的手段，把上层来的数据组织成数据包在节点之间进行交换传送，并且负责路由选择和拥塞控制。网络层通过综合考虑发送优先权、网络拥塞程度、服务质量以及可选路由的花费来决定从一个网络中节点A到另一个网络中节点B的最佳路径。

4．传输层（Transport Layer）

传输层是第一个端到端，也是主机—主机的层次。提供透明的端到端的数据传输，将其以下各层的技术和工作屏蔽起来，使高层看来数据是直接从端到端的，即应用程序间的。

5．会话层（Session Layer）

会话层是进程—进程的层次，其主要功能是在两个不同系统的互相通信的应用进程之间建立、组织和协调交互。

6．表示层（Presentation Layer）

表示层把所传送的数据的抽象语法变为传送语法，即把不同计算机内部的不同表示形式转换成网络通信中的标准表示形式。此外，对传送的数据加密（或解密）、正文的压缩（或还原）也是表示层的任务。

7．应用层（Application Layer）

应用层为用户提供应用的接口，即提供不同计算机之间的文件传送、访问与管理、电子邮件的内容处理、不同计算机通过网络交互访问的虚拟终端功能，等等。

下面总结一下 OSI 参考模型各层的功能，如表 3-1 所示。

表 3-1　OSI 参考模型各层的功能

OSI 层	功　能
应用层	在程序之间传递信息
表示层	处理文本格式化，显示代码转换
会话层	建立、维持、协调通信
传输层	确保数据正确发送
网络层	决定传输路由，处理信息传递
数据链路层	编码、编址、传输信息
物理层	管理硬件连接

3.4　TCP/IP 的体系结构

3.4.1　TCP/IP 概述

TCP/IP（Transmission Control Protocol/Internet Protocol）是指传输控制协议/网络互联协议，是针对 Internet 开发的一种体系结构和协议标准，其目的在于解决各种计算机网络的通信问题，使得网络在互联时把技术细节隐藏起来，为用户提供通用、一致的通信服务。TCP/IP 起源于美国 ARPAnet，由它的两个主要协议 TCP 协议和 IP 协议得名。通常所说的 TCP/IP 协议实际上包含了大量的协议和应用，且由多个独立定义的协议组合在一起，因此更确切地说，应该称其为 TCP/IP 协议族。

TCP/IP 协议具有以下几个特点：

① 开放的协议标准，可以免费使用，并且独立于特定的计算机硬件与操作系统；

② 独立于特定的网络硬件，可以运行在局域网、广域网中，更适用于互联网中；

③ 统一的网络地址分配方案，使得整个 TCP/IP 设备在网中都具有唯一的地址；

④ 标准化的高层协议，可以提供多种可靠的用户服务。

3.4.2 TCP/IP 的层次结构

TCP/IP 模型由四个层次组成，它们分别是网络接口层、网际网层、传输层和应用层。TCP/IP 的层次结构与 OSI 层次结构的对照关系如图 3-5 所示。

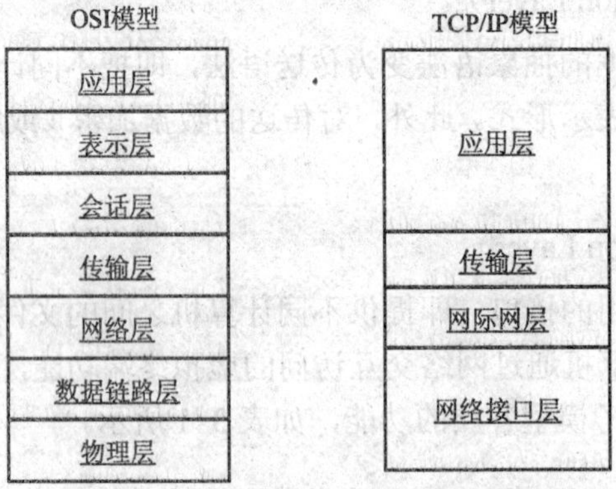

图 3-5 OSI 模型和 TCP/IP 模型的对照

1. 网络接口层

TCP/IP 模型的最低层是网络接口层，它包括了能使用 TCP/IP 与物理网络进行通信的协议，且对应着 OSI 的物理层和数据链路层。它的功能是接收 IP 数据报并通过特定的网络进行传输，或从网络上接收物理帧，抽取出 IP 数据报并转交给上一层。TCP/IP 标准没有定义具体的网络接口协议，目的是能够适应各种类型的网络，如 LAN、MAN 和 WAN。这也说明了 TCP/IP 协议可以运行在任何网络之上。

2. 网际网层

网际网层又称网络层、IP 层，负责相邻计算机之间的通信。它包括三方面的功能。第一，处理来自传输层的分组发送请求，收到请求后，将分组装入 IP 数据报，填充报头，选择去往目标网络的路径，然后将数据报发往适当的网络接口。第二，处理输入的数据报，首先检查其合法性，然后进行路由选择。假如该数据报已经到达信宿本地机，则去掉报头，将剩下部分（TCP 分组）交给适当的传输协议；假如该数据报尚未到达信宿，即转发该数据报。第三，处理路径、流量控制、拥塞等问题。另外，网际网层还提供差错报告功能。

3. 传输层

TCP/IP 的传输层与 OSI 的传输层类似，它的根本任务是提供端到端的通信。传输层对信息流具有调节作用，提供可靠性传输，确保数据到达无误，也不错乱顺序。

4. 应用层

在 TCP/IP 模型中，应用层是最高层，它对应 OSI 参考模型中的会话层、表示层和应用层。它向用户提供一组常用的应用程序，例如文件传送、电子邮件等。

3.4.3 TCP/IP 协议族

在 TCP/IP 的层次结构中包括了四个层次，但实际上只有三个层次包含了协议。TCP/IP 中的各层的协议如图 3-6 所示。

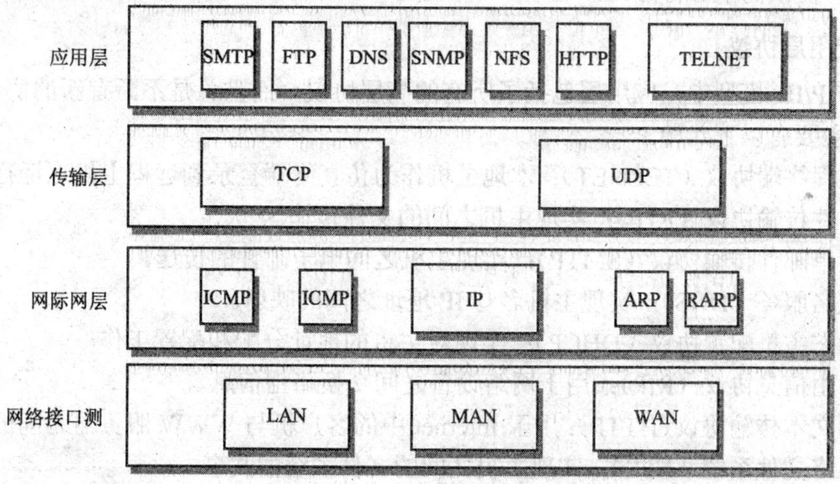

图 3-6 TCP/IP 协议族

1. 网际网层协议

（1）网络互联协议（Internet Protocol，IP）

IP 协议是 Internet 上最重要的协议软件，也是 TCP/IP 协议中两个最重要的核心协议之一，它的主要任务是无连接的数据报传送、数据报的路由选择。

（2）网际控制报文协议（Internet Control Message Protocol，ICMP）

网际控制报文协议为 IP 协议提供差错报告。

（3）网际主机组管理协议（Internet Group Management Protocol，IGMP）

IP 协议只负责网络中点到点的数据报传输，而单点到多点的数据报传输则依靠网际主机组管理协议来完成。

（4）地址解析协议（Address Resolution Protocol，ARP）和反向地址解析协议（RARP）

地址解析协议和反向地址解析协议主要用来完成 IP 地址（逻辑地址）和 MAC 地址（网卡地址）的相互转换。

2. 传输层协议

（1）传输控制协议（Transmission Control Protocol，TCP）

TCP 是一种可靠的面向连接的传送服务，它在传送数据时是分段进行的，主机交换数据必须建立一个会话，它用比特流通信，即数据被作为无结构的字节流。

通过每个 TCP 传输的字段指定顺序号，以获得可靠性，如果一个分段被分解成几个小段，接收主机会知道是否所有小段都已收到，通过发送应答，用以确认别的主机收到了数据。对于发送的每一个小段，接收主机必须在一个指定的时间返回一个确认，如果发送者未收到确认，数据会被重新发送；如果收到的数据包损坏，接收主机会舍弃它，因为确认未被发送，发送者会重新发送分段。

（2）用户数据报协议（User Datagram Protocol，UDP）

UDP 是建立在 IP 协议基础之上的无连接的端到端的通信协议。UDP 协议不提供任何可靠性的保证机制，提供的是不可靠传输，但是 UDP 增加和扩充了 IP 协议的接口能力，具有高效传输、协议简单等特点。

3．应用层协议

在 TCP/IP 模型中，应用层包括了所有的高层协议，而且总是不断有新的协议加入，应用层协议主要有以下几种。

① 远程终端协议（TELNET）：本地主机作为仿真终端登录到远程主机上运行应用程序。

② 文件传输协议（FTP）：实现主机之间的文件传输。

③ 简单邮件传输协议（SMTP）：实现主机之间电子邮件的传送。

④ 域名服务（DNS）：实现主机名与 IP 地址之间的映射。

⑤ 动态主机配置协议（DHCP）：实现对主机的地址分配和配置工作。

⑥ 路由信息协议（RIP）：用于网络设备之间交换路由信息。

⑦ 超文本传输协议（HTTP）：用于 Internet 中的客户机与 WWW 服务器之间的数据传输。

⑧ 网络文件系统（NFS）：实现主机之间的文件系统的共享。

⑨ 简单网络管理协议（SNMP）：实现网络的管理。

3.5 TCP/IP 参考模型与 OSI 参考模型的比较

OSI 和 TCP/IP 有着许多的共同点。

① 采用了协议分层方法，将庞大且复杂的问题划分为若干个较容易处理的范围较小的问题。

② 各协议层次的功能大体上相似，都存在网络层、传输层和应用层。网络层实现点到点通信，并完成路由选择、流量控制和拥塞控制功能；传输层实现端到端通信，将高层的用户应用与低层的通信子网隔离开来，并保证数据传输的最终可靠性。传输层的以上各层都是面向用户应用的，而以下各层都是面向通信的。

③ 两者都可以解决异构网的互联，实现世界上不同厂家生产的计算机之间的通信。

④ 都是计算机通信的国际标准，一个（OSI）是国际通用的，一个（TCP/IP）是当前工业界使用最多的。

⑤ 都能够提供面向连接和无连接的两种通信服务机制。

⑥ 都是基于一种协议族的概念，协议族是一组完成特定功能的相互独立的协议。

虽然 OSI 和 TCP/IP 存在着不少的共同点，但是它们的区别还是相当大的。如果具体到每个协议的实现上，这种差别就到了难以比较的程度。下面主要从不同的角度对 OSI 和 TCP/IP 进行比较。

① 模型设计存在差别。
② 层数和层间调用关系不同。
③ 最初设计存在差别。
④ 对可靠性的强调不同。
⑤ 标准的效率和性能上存在差别。
⑥ 市场应用和支持上不同。

习 题 3

1. 什么是网络协议？它的三个组成要素是什么？它们之间有何关系？
2. 简述 ISO/OSI 参考模型的各个层次功能。
3. 简述 TCP/IP 体系结构的各个层次功能。
4. 比较 ISO/OSI 参考模型和 TCP/IP 体系结构之间的异同点。

第4章　局　域　网

学习目标

了解计算机局域网的定义，熟练掌握局域网的拓扑结构以及介质访问控制方法，重点掌握 HDLC 协议。

主要内容

★　局域网的概念与拓扑结构
★　局域网的介质访问控制方法
★　高级链路控制规程 HDLC

4.1　局域网概述

4.1.1　局域网的定义

局域网（LAN）是指地理范围在几米、几十米到几千米内的计算机互联所构成的计算机网络，例如，一间办公室、一个办公楼群或者一个校园网络。

4.1.2　局域网的特点

① 局域网覆盖的范围比较小，通常不超过几十公里，甚至只在一幢楼或一个房间内。

② 信息的传输速率高（通常为 10～1 000 Mbit/s）、误码率低（通常低于 $10e^{-8}$），因此，利用局域网进行的数据传输快速可靠。

③ 网络的经营权和管理权属于某个单位，易于维护和管理。

④ 决定局域网性质的关键是拓扑结构、传输媒体和媒体的访问控制技术。媒体访问控制方法对网络性起着十分重要的作用。将传输媒体的频带有效地分配给网上各站点的方法，称为媒体访问控制协议。常用的局域网媒体访问控制协议有载波侦听多路访问/冲突检测

（CSMA/CD）、令牌环（Token Ring）、令牌总线（Token Bus）和光纤分布数据接口（Fiber Distributed Data Interface，FDDI）等。

4.2 局域网的拓扑结构

网络拓扑结构定义了网中资源的连接方式。局域网的网络拓扑结构主要有总线型结构、环形结构和星形结构三种。

1．总线型拓扑结构

总线型拓扑结构是局域网中最主要的拓扑结构之一。总线型拓扑结构如图 4－1 所示。

总线型拓扑结构的一个重要特征就是可以在网中广播信息。网络中的每个站点几乎可以同时“收到”每一信息，这与下面讲到的环形网络形成了鲜明的对比。

总线型拓扑结构的最大优点是价格低廉，用户站点入网灵活。另外在一般情况下，总线型局域网中一个节点的失效不会影响其他节点的正常工作，而且节点的增删也不影响全网的运行。但它的缺点也是明显的，由于共用一条传输信道，任一时刻只能有一个站点发送数据，而且介质访问控制也比较复杂。由于总线型局域网结构简单、接入灵活、扩展容易、可靠性高等特点，因此成为使用最广泛的一种网络拓扑结构。

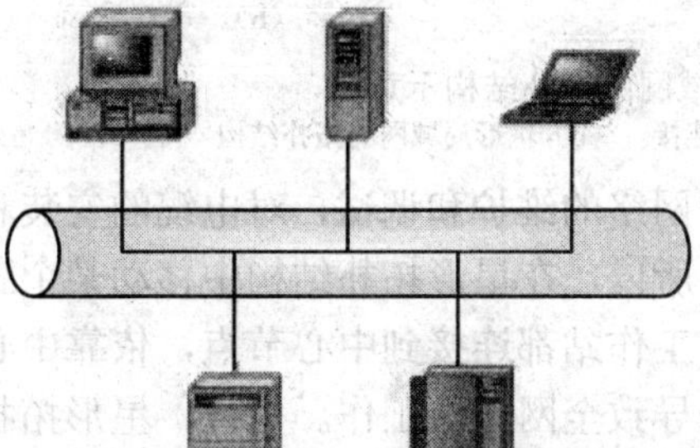

（a）

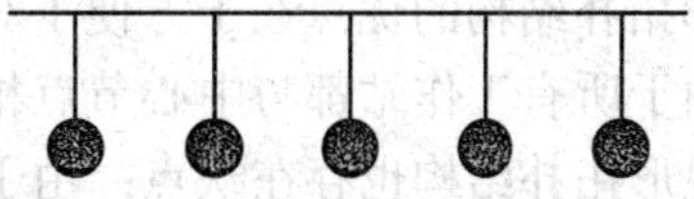

（b）

图 4-1　总线型局域网的拓扑结构示意图

（a）总线型局域网的计算机连接　（b）总线型局域网的拓扑结构

2．环形拓扑结构

环形拓扑结构也是局域网经常使用的拓扑结构之一。与总线型局域网相似，运行于环形局域网中的网络节点同样以共享介质方式进行数据传输。图 4-2 为环形局域网的拓扑结构示意图。

环形结构局域网的特点是每个节点都与两个相邻的节点相连，节点之间采用点到点的链路，网络中的所有节点构成一个闭合的环，信息沿着一个方向绕环逐站单向传输。

在环形拓扑结构中，所有节点共享同一个环形信道，环上传输的任何数据都必须经过所有节点，因此，断开环中的一个节点，意味着整个网络的通信终止。这是环形拓扑结构的一个主要缺点。

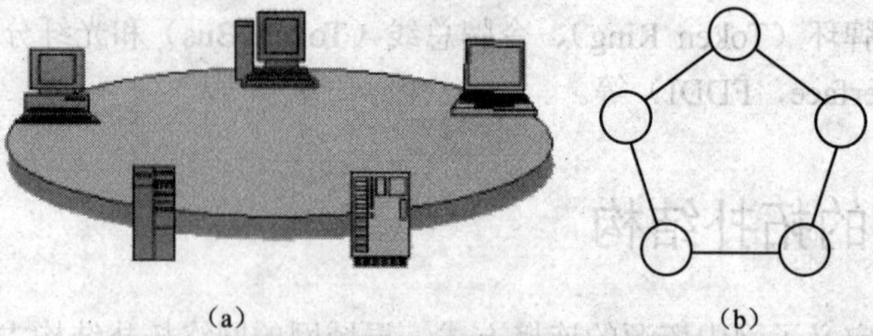

图 4-2　环形局域网的拓扑结构示意图
（a）环形局域网的计算机连接　（b）环形局域网的拓扑结构

3．星形拓扑结构

在星形拓扑结构中，网络中的各节点都连接到一个中心设备上，由该中心设备向目的节点传送信息。图 4-3 是星形局域网拓扑结构示意图。

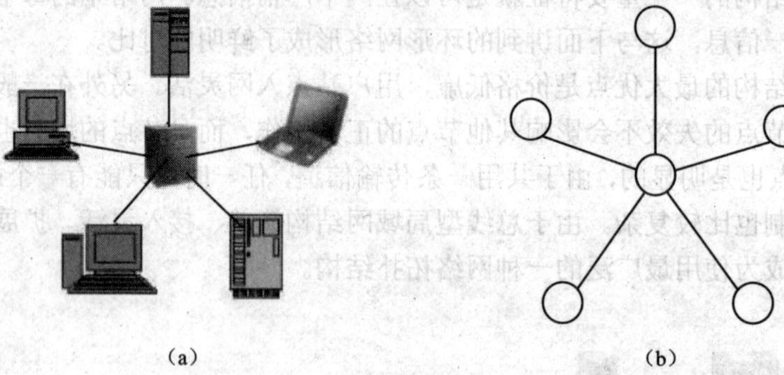

图 4-3　星形局域网的拓扑结构示意图
（a）星形局域网的计算机连接　（b）星形局域网的拓扑结构

星形拓扑结构的优点在于方便了对大型网络的维护和调试，对电缆的安装和检验也相对容易。由于所有工作站都与中心节点相连，所以，在星形拓扑结构中移动某个工作站十分简单。但星形拓扑结构也存在缺点：由于所有工作站都连接到中心节点，依靠中心节点向目的节点传送信息，所以中心节点一旦失效将会导致全网无法工作。另外，星形拓扑结构需要更加可靠的电缆。

交换局域网是一种典型的星形拓扑结构局域网。目前，交换局域网技术正在迅速发展之中。

4.3　局域网的传输介质

数据传输介质是指传输信息的载体，是通信子网的一个重要组成部分，它使网络上的计算机实现了物理连接，在计算机网络中具有举足轻重的作用。传输介质的种类很多，但基本可以分为两类：一类是有线介质，如电缆、双绞线、光纤等；另一类是无线介质，包括微波、卫星通信等。局域网常用的传输介质有：同轴电缆（Coaxial-cable）、非屏蔽双绞线（Unshielded Twisted Pair，UTP）、屏蔽双绞线（Shielded Twisted Pair，STP）和光缆等。

1．同轴电缆

同轴电缆共有四层。因它的内部共有两层导体排列在同一轴上，所以称为“同轴”。最内层的中心导体主要成分是铜，导体的外层为绝缘层，包着中心导体层，再向外一层为导体网（外导体），导体网对内导体起着屏蔽的作用，它能减少外部的干扰，提高传输质量。同轴电缆的最外部为外层保护套，可以保护内部两层导体和加强拉伸力。同轴电缆的实例如图 4-4 所示。

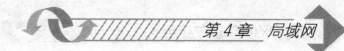

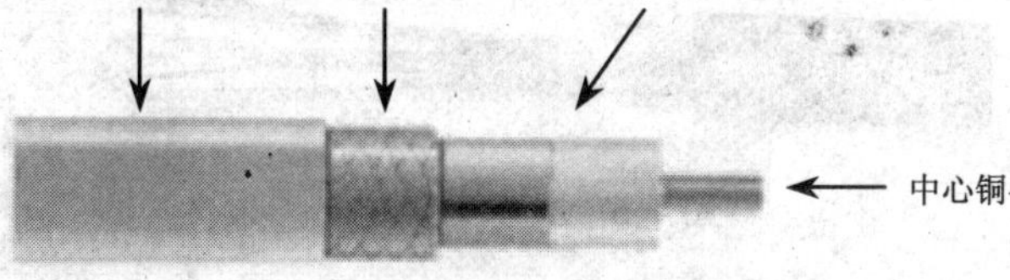

图 4-4　同轴电缆的实例

同轴电缆比屏蔽双绞线或非屏蔽双绞线传输的距离远。因此在没有中继器对传输信号放大的情况下，同轴电缆可以连接的局域网地域范围比双绞线大。由于同轴电缆用于各种类型数据通信的时间已经很长，因此技术非常成熟。

电缆硬、折曲困难、质量大是同轴电缆的主要问题。由于安装及使用同轴电缆并不是一件简单的事情，因此，同轴电缆不适合用于楼宇内的结构化布线。

同轴电缆有多种规格和型号。局域网常用的同轴电缆有粗同轴电缆和细同轴电缆两种。这两种同轴电缆的特征阻抗都为 50Ω，但粗同轴电缆的直径为 1 cm，而细同轴电缆的直径仅为 0.5 cm。

2. 非屏蔽双绞线

非屏蔽双绞线（UTP）由 8 根铜缆组成。其中，这 8 根线由绝缘体分开，每两根线通过相互绞合成螺旋状而形成一对（“双绞线”因而得名）。在这 4 对线的外部是一层外保护套，用于保护内部纤细的铜导体和加强拉伸力，如图 4-5 所示。

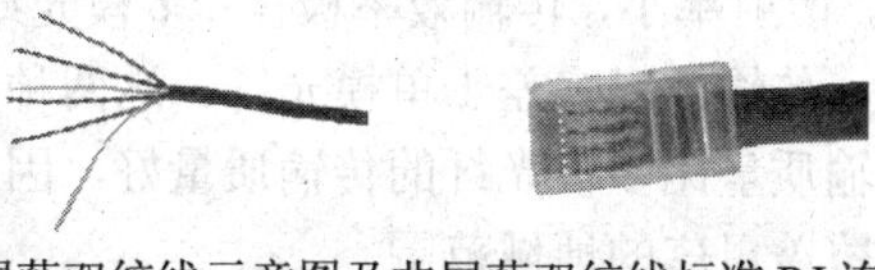

图 4-5　非屏蔽双绞线示意图及非屏蔽双绞线标准 RJ 连接器示意图

非屏蔽双绞线非常适合于楼宇内部的结构化布线。它的外部直径为 0.43 cm，尺寸小、质量轻，价格便宜、容易安装和维护是非屏蔽双绞线的主要特点。与此同时，非屏蔽双绞线使用标准 RJ 连接器，连接牢固、可靠。但是，非屏蔽双绞线的抗干扰能力没有同轴电缆、光缆等传输介质好，其传输距离也比较短。目前，局域网使用的非屏蔽双绞线主要分为 3 类线、4 类线、5 类线和超 5 类线。这些非屏蔽双绞线虽然看上去基本相同，但其传输质量、抗干扰能力有很大区别。其中，3 类线主要用于 10 MB 网络的连接，而 100 MB、1 000 MB 网络则只能使用 5 类线或超 5 类线。

3. 屏蔽双绞线

屏蔽双绞线（STP）是屏蔽技术和绞线技术相结合的产物。它与非屏蔽双绞线在结构上的不同点是在绞线和外皮间夹有一层铜网或金属屏蔽层，因而价格相对昂贵。尽管屏蔽双绞线的传输质量比非屏蔽双绞线要高，但它们的电缆尺寸和重量相当。如果安装合适，STP 具有很强的抗电磁、抗干扰能力。当然，如果安装不合适（例如 STP 电缆接地不好），就有可能引入很多外界干扰（因为它可以使屏蔽线作为天线，从其他导体中吸入电信号、电噪声等），造成网络不能正常工作。屏蔽双绞线如图 4-6 所示。

图 4-6　屏蔽双绞线

4. 光缆

光缆是另一种常用的网络连接介质，这种介质能传输已调制的光信号。用于网络连接的光缆由封装在隔开中的两根光纤组成。从横截面观察，每根光纤都被反射包层、Kevlar 加固材料和外保护所包围。光缆的导光部分由内核（纤芯）和包层构成。中心的内核由纯度非常高的玻璃构成，其折射率很高。内核外的包层由折射率很低的玻璃或塑料组成，这样在光纤中传输的光将在内核与包层的交界处形成全反射。与管道相似，光缆利用全反射将光线限制在光导玻璃中，即使在弯曲的情况下，光也能传输很远的距离。光缆如图 4-7 所示。

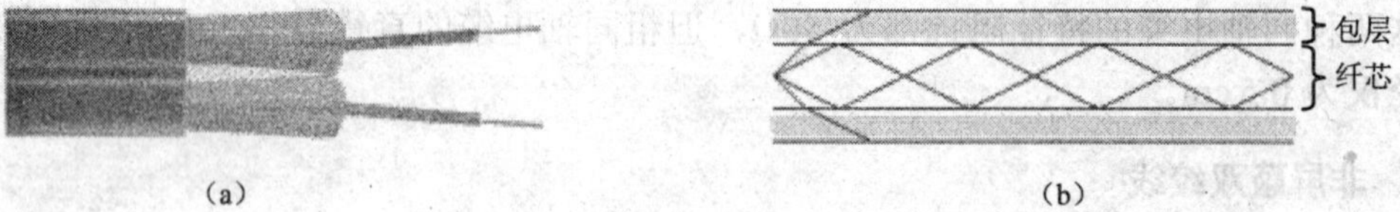

图 4-7　光缆

（a）实物　（b）内核与包层之间形成全反射

光纤按其轴芯的模式可以分为单模光纤和多模光纤。单模光纤轴芯较细，约5～10 μm，适合长距离传输，价格昂贵，散射率小，传输效率极佳；多模光纤轴芯较粗，约50～100 μm，适合短距离传输，价格较低，传输效率略差于单模光纤。这两种光纤在计算机局域网中都有其应用。由于单模光纤的传输质量比多模光纤的传输质量好，因此，单模光纤可以传输更远的距离，用于网络连接可以覆盖更广的地域范围。

与 UTP、STP 和同轴电缆相比，光缆的传输速度更高，其传输速度可以超过 2 Gbit/s。由于光缆中传输的是光而不是电脉冲，所以光缆既不受电磁干扰，也不受无线电干扰，更不会成为雷击的接入点。光纤在传输时不会有光波信号散射出来，因此不用担心被人从散射的能量中盗取信息。再者，光纤一旦被截断，要用融接的方式才能接起来，因此若有人想要截断缆线窃取信息，不但费时费力而且较易被发现。光缆可以防止内外噪声和传输损耗低的特性，使光纤中的信号能够传输相当远的距离，这对设计覆盖范围广的网络非常有用。

4.4　介质访问

4.4.1　介质访问控制方式

不论是总线型网、环形网还是星形网，都是同一传输介质中连接了多个站点，而局域网中所有的站点都是对等的，任何一个站点都可以和其他站点通信，十分容易产生冲突，如图 4-8 所示。这就需要有一种仲裁方式来控制各站使用介质的方法，即介质访问方法。

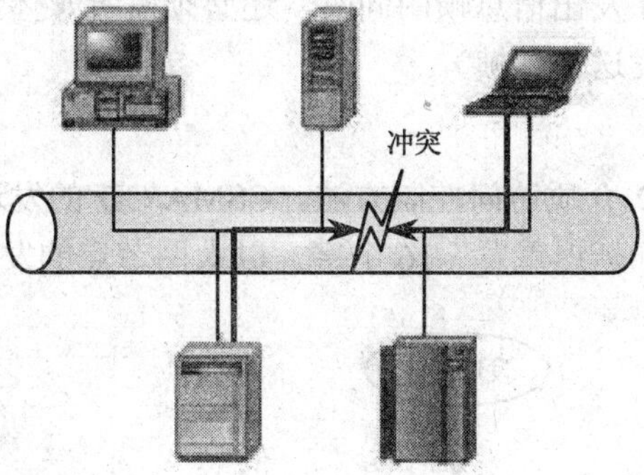

图 4-8 在局域网中产生的冲突

介质访问控制方式是确保对网络中各个节点进行有序访问的一种方法。在共享式局域网的实现过程中，可以采用不同的方式对其共享介质进行控制。常用的介质存取方法包括带有 CSMA/CD 方法、令牌总线方法以及令牌环方法。

目前最流行的局域网——以太网（Ethernet）使用的就是 CSMA/CD 介质访问控制方法，而 FDDI 网则使用令牌环介质访问控制方法。

4.4.2 以太网与 CSMA/CD

以太网（Ethernet）采用总线型拓扑结构。虽然在组建以太网过程中通常使用星形物理拓扑结构，但在逻辑上它们还是总线型的。图 4-9（a）显示了一个物理与逻辑统一的以太网，图 4-9（b）则显示了一个物理上为星形而逻辑上为总线型的以太网。

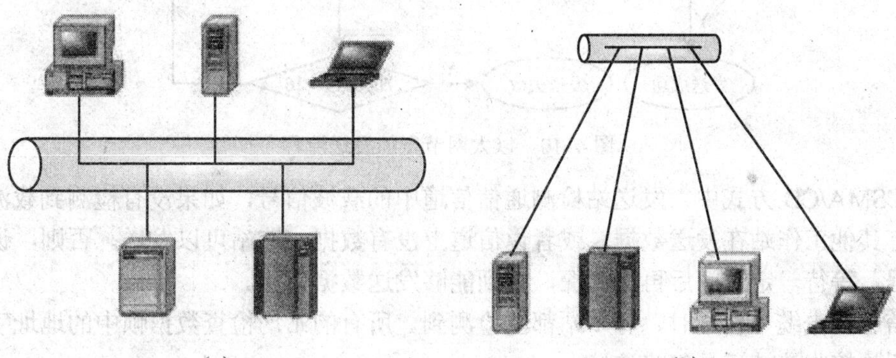

图 4-9 总线型拓扑结构

（a）物理与逻辑统一的总线型结构 （b）物理上的星形结构与逻辑上的总线型结构

CSMA/CD 是目前占据市场份额最大的局域网技术。

CSMA/CD 采用分布式控制方法，附接总线的各个节点通过竞争的方式，获得总线的使用权。只有获得使用权的节点才可以向总线发送信息帧，该信息帧将被附接总线的所有节点感知。

载波侦听：发送节点在发送信息帧之前，必须侦听媒体是否处于空闲状态。

多路访问：具有两种含义，既表示多个节点可以同时访问媒体，也表示一个节点发送的信息帧可以被多个节点所接收。

冲突检测：发送节点在发出信息帧的同时，还必须监听媒体，判断是否发生冲突（同一时刻，有无其他节点也在发送信息帧）。

1．以太网的数据发送

以太网使用 CSMA/CD 介质访问控制方法。CSMA/CD 的发送流程可以概括为“先听后发，边听边发，冲突停止，延迟重发”16 个字。以太网节点的发送流程，如图 4-10 所示。

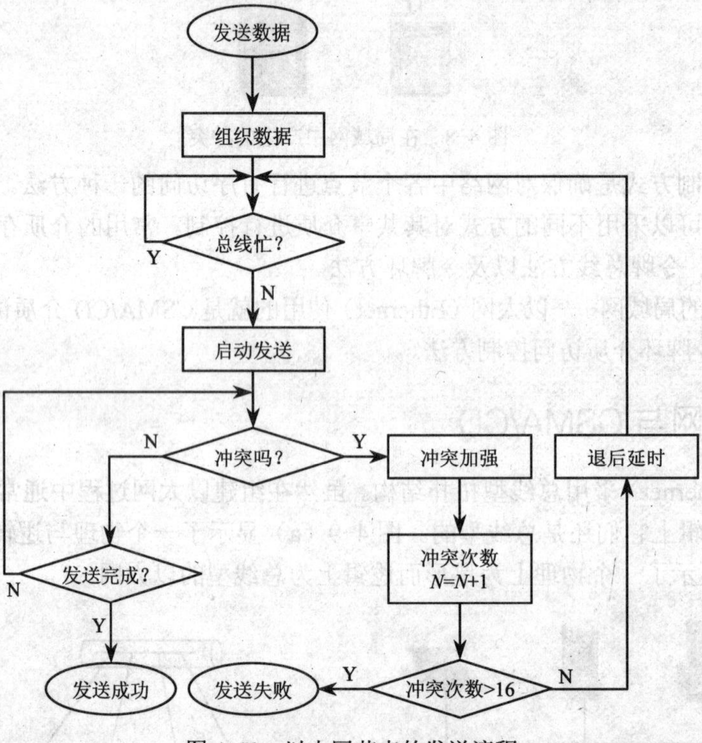

图 4-10　以太网节点的发送流程

在 CSMA/CD 方式中，发送站检测通信信道中的载波信号，如果没有检测到载波信号，说明没有其他工作站在发送数据，或者说信道上没有数据，该站可以发送。否则，说明信道上有数据，等待一定时间后再次试探，直到能够发送数据为止。

当信号在电缆中传送时，每个站都能检测到。所有的站均检查数据帧中的地址字段，并依此判断是接收该帧还是忽略该帧。

由于数据在网中的传输需要时间，在这个信号到达某些位置靠后的站之前，该站暂时监听不到任何消息，因而认为可以发送数据。而此时信道中又确实有信号正在传送，因此就会发生冲突。这时就用到了冲突检测，每个发送站同时监听自己的信号，如果该信号出现错误，发送站再发送一个干扰信息加强冲突。任何站听到干扰信号后，均会停止一段时间再去试探。这一时间由网卡中的算法来决定。

2．以太网的接收

在接收过程中，以太网中的各节点同样需要监测信道的状态。如果发现信号畸变，说明信道中有两个或多个节点同时发送数据，有冲突发生，这时必须停止接收，并将接收到数据丢弃，如果在整个接收过程中没有发生冲突，接收节点在收到一个完整的数据后可对数据进行接收处理。CSMA/CD 的帧接收工作流程如图 4-11 所示。

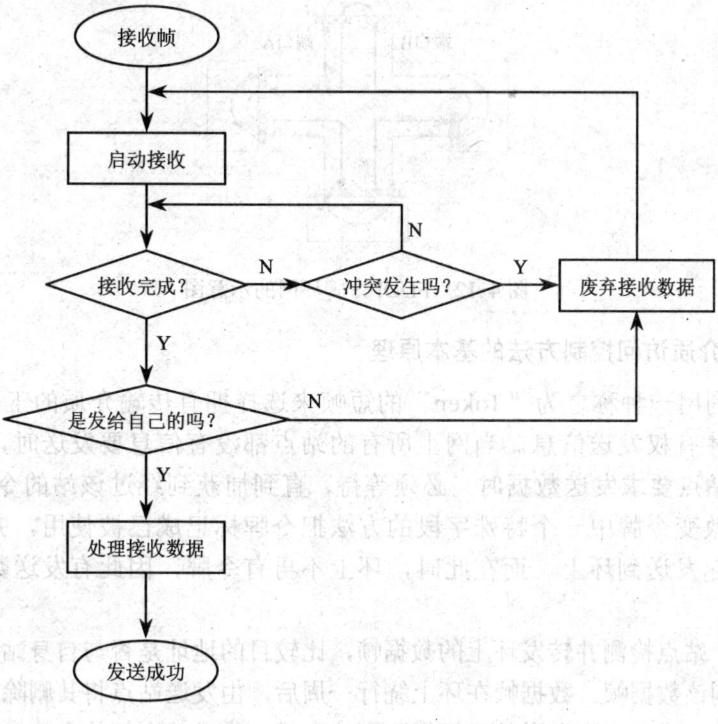

图 4-11　CSMA/CD 的帧接收工作流程

3. MAC 地址

连入网络的每台计算机或终端都有一个唯一的物理地址，这个物理地址存储在网络接口卡（Network Interface Card，NIC）中，通常被称为介质访问控制地址（Media Access Control Address），或者就简单地称为 MAC 地址。在网络中，网络接口卡将设备连接到传输介质中，每个网络接口卡都有一个唯一的 MAC 地址，它位于 OSI 参考模型的数据链路层。

当源主机向网络发送数据时，它带有目的主机的 MAC 地址。当以太网中的节点正确收到该数据后，它们检查数据中包含的目的主机 MAC 地址是否与自己网卡上的 MAC 地址相符。如果不符，网卡就忽略该数据；如果相符，网卡就拷贝该数据，并将该数据送往数据链路层作进一步处理。以太网的 MAC 地址长度为 48bit。为了方便起见，通常使用 16 进制数书写（例如，52-54-ab-31-ac-c6）。为了保证 MAC 地址的唯一性，世界上有一个专门的组织负责为网卡的生产厂家分配 MAC 地址。

4.4.3　光纤分布式数据接口（FDDI）

光纤分布式数据接口（Fiber Distributed Data Interface，FDDI）采用光纤作为其传输介质，网络的传输速率可达 100 Mbit/s。FDDI 采用环形拓扑结构，使用令牌作为共享介质的访问控制方法，因比，FDDI 是一种令牌环网。FDDI 令牌环网的示意图如图 4-12 所示。从该图中可以看出，FDDI 的网络连接构成了双环结构。

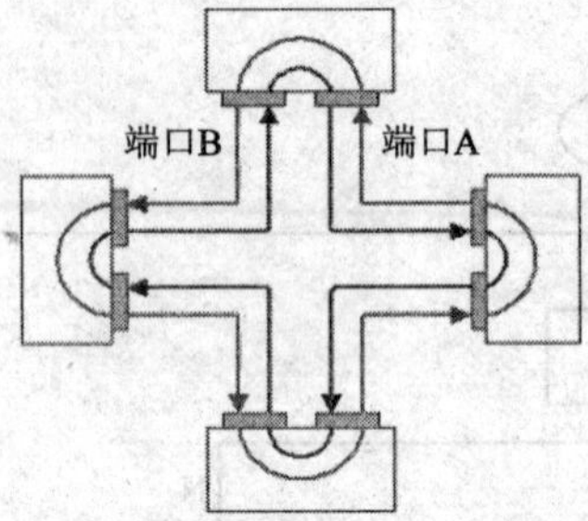

图 4-12　FDDI 令牌环网的示意图

1. 令牌环介质访问控制方法的基本原理

令牌环网利用一种称之为“Token”的短帧来选择拥有传输介质的工作站，只有拥有令牌的工作站才有权发送信息。当网上所有的站点都没有信息要发送时，令牌就沿环绕行。当某一个站点要求发送数据时，必须等待，直到捕获到经过该站的令牌为止。这时，该站点可以用改变令牌中一个特殊字段的方法把令牌标记成已被使用，并把令牌作为数据帧的帧头一起发送到环上。而在此时，环上不再有令牌，因此有发送数据要求的站点必须等待。

环上的每个站点检测并转发环上的数据帧，比较目的地址是否与自身站点地址相符，从而决定是否复制该数据帧。数据帧在环上绕行一周后，由发送站点将其删除。发送站点在发完其所有信息帧（或者允许发送的时间间隔到达）后，生成一个新的令牌，并将该新令牌发送到环上。如果该站点下游的某一个站点有数据要发送，它就能捕获这个令牌，并利用该令牌发送数据。

① 网上所有站点都处于空闲时，令牌沿环绕行。

② 发送站点必须等待，直到捕获到令牌发送数据帧释放令牌吸收数据帧（绕环一周后）。

③ 中间站点（数据帧的目的地址与自己不同）转发环上的数据帧。

④ 接收站点（数据帧的目的地址与自己相同）复制环上的数据帧。

2. 数据传输实例

接下来，通过一个例子来讲解 FDDI 令牌环是如何进行数据传输的，其基本过程如图 4-13 所示。

① 令牌 Token 在环中流动，A 站有信息发送，截获了令牌。

② A 站向 C 站发送数据。

③ 由于 B 站检测数据帧，目的地址不是自己，则转发数据。

④ C 站接收并转发数据。

⑤ D 站转发数据。

⑥ A 站收完所发帧的最后 1 bit 后，重新产生令牌发送到环上。

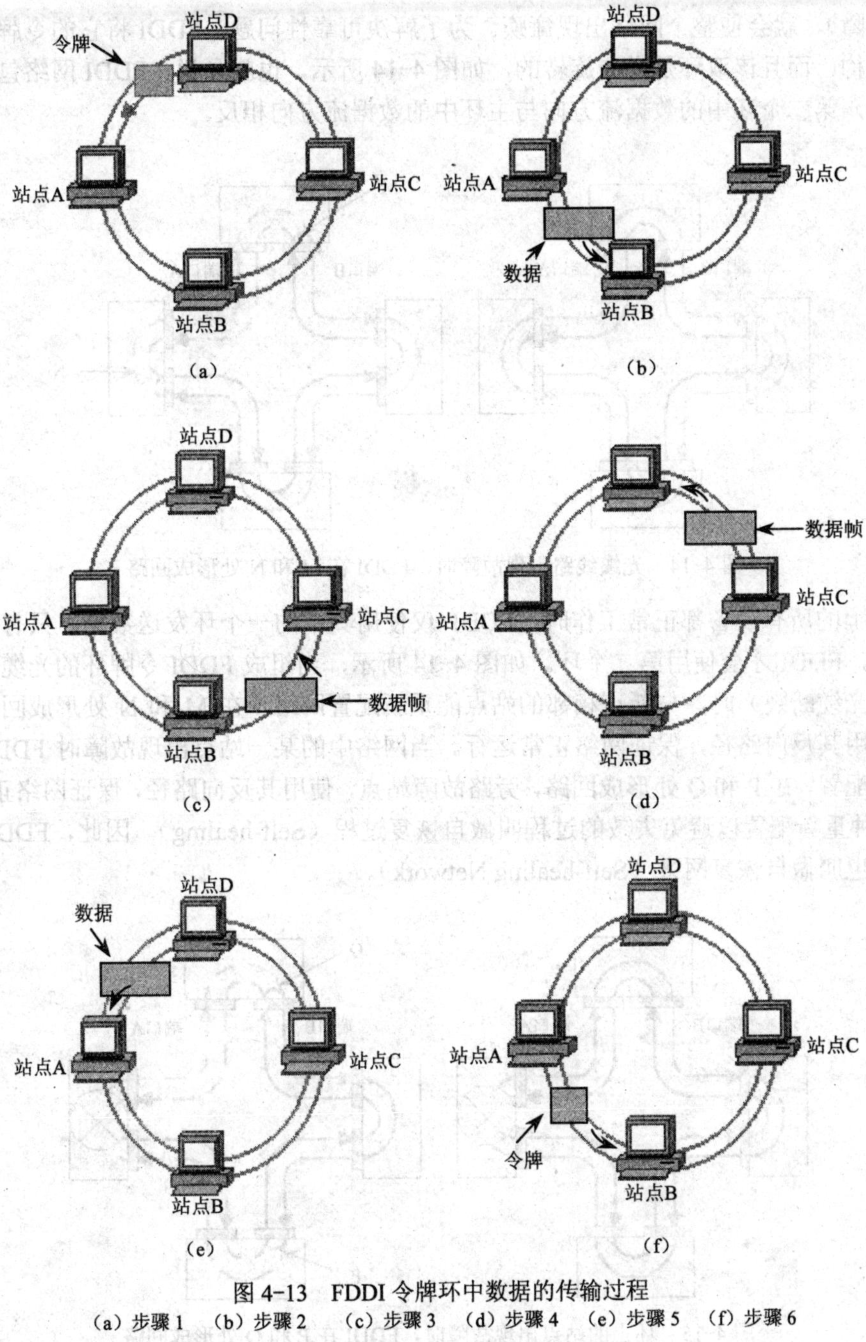

图 4-13 FDDI 令牌环中数据的传输过程

(a) 步骤 1 (b) 步骤 2 (c) 步骤 3 (d) 步骤 4 (e) 步骤 5 (f) 步骤 6

与 CSMA/CD 不同，令牌传递网是延迟确定型网络。也就是说，在任何站点发送信息之前，可以计算出信息从源站到目的站的最长时间延迟。这一特性及令牌环网其他可靠特性，使令牌环网特别适合于那些需要预知网络延迟和对网络的可靠性要求高的应用。工厂自动化环境就是这样的一个应用实例。

3. FDDI 网的双环结构

使用环型网络拓扑结构网络的最大隐患之一是：一旦环上某处发生故障（例如，某个节点出现故障），就会使整个网络出现瘫痪。为了解决可靠性问题，FDDI 将它的令牌环网设计成双环结构，而且该双环是逆向旋转的，如图 4-14 所示。也就是说，FDDI 网络包含了两个完整的环，第二个环中的数据流方向与主环中的数据流方向相反。

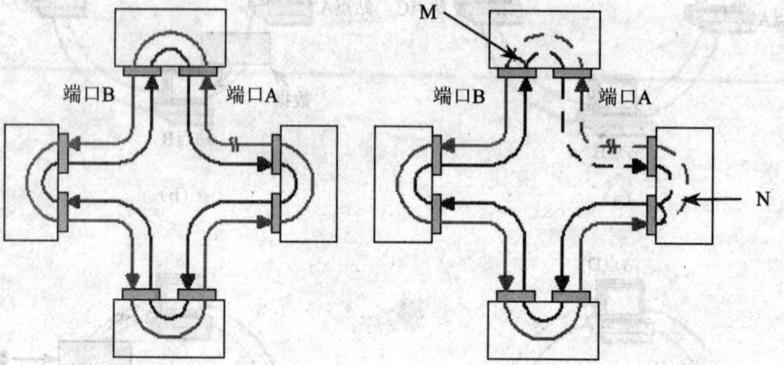

图 4-14　光缆线路出现故障时，FDDI 在 M 和 N 处形成回路

当网上的所有设备都正常工作时，FDDI 仅使用其中的一个环发送数据。只有当第一个环失效时，FDDI 才会使用第二个环。如图 4-14 所示，当组成 FDDI 令牌环的光缆出现故障（例如，光缆断裂）时，与断点相邻的站点能重新配置网络，在 M 和 N 处形成回路，旁路断点，使用其反向路径，保证网络正常运行。当网络中的某一站点出现故障时 FDDI 也可以进行重新配置，在 P 和 Q 处形成回路，旁路故障站点，使用其反向路径，保证网络正常运行。FDDI 这种重新配置以避免失效的过程叫做自恢复过程（Self-healing）。因此，FDDI 令牌环网络有时也叫做自恢复网络（Self-healing Network）。

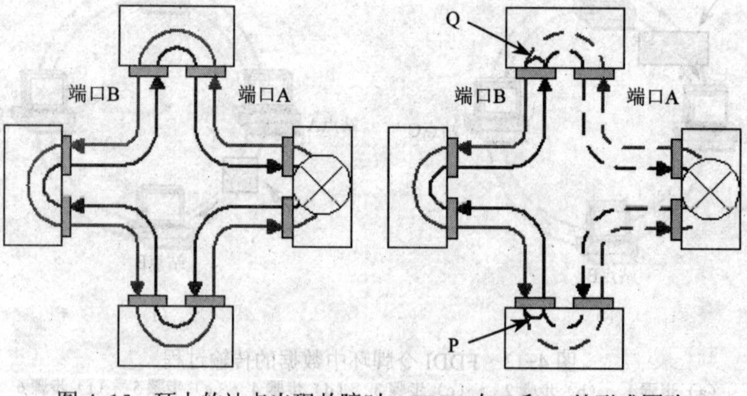

图 4-15　环上的站点出现故障时，FDDI 在 P 和 Q 处形成回路

4.5 HDLC 协议

HDLC 链路控制协议是常见的同步协议。本节将简单介绍数据链路控制协议，重点介绍 HDLC 的基本概念及帧格式，如果想进一步了解相关内容，可以参考《HDLC 协议标准》及《HDLC 协议控制芯片手册》。

4.5.1 数据链路控制协议

数据链路控制协议也称链路通信规程，也就是OSI参考模型中的数据链路层协议。数据链路控制协议一般可分为异步协议和同步协议两大类。

异步协议以字符为独立的传输信息单位。在每个字符的起始处开始对字符内的比特实现同步，但字符与字符之间的间隔时间是不固定的，即字符之间是异步的。由于发送器和接收器中近似于同一频率的两个约定时钟能够在一段较短的时间内保持同步，所以可以用字符起始处同步的时钟来采样该字符的各比特，而不需要每个比特同步。异步协议中因为每个传输字符都要添加诸如起始位、校验位及停止位等冗余位，故信道利用率很低，一般用于数据速率较低的场合。同步协议是以许多字符或许多比特组织成的数据块——帧为传输单位，在帧的起始处同步，在帧内维持固定的时钟，实际上该固定时钟是发送端通过某种技术将其混合在数据中一并发送出去的，供接收端从数据中分离出时钟。由于采用帧为传输单位，所以同步协议能更好地利用信道，也便于实现差错控制、流量控制等功能。

同步协议又可分为面向字符的同步协议、面向比特的同步协议和面向字节计数的同步协议。

面向字符的同步协议是最早提出的同步协议，其典型代表是IBM公司的二进制同步通信协议（Binary Synchronous Communication，BISYNC），或称BSC协议，通常也称该协议为基本协议。随后ANSI和ISO都提出类似的相应标准，ISO的标准称为数据通信系统的基本控制过程（Basic Mode Procedures for Data Communication System）即ISO 1745标准。

4.5.2 面向比特的同步协议

20世纪70年代初，IBM公司率先提出了面向比特的同步数据控制规程（Synchronous Data Link Control，SDLC），随后ANSI和ISO均采纳并发展了SDLC，并分别提出了自己的标准。ANSI的高级通信控制过程（Advanced Data Communication Control Procedure，ADCCP），ISO的高级数据链路控制规程（High-level Data Link Control，HDLC）。

链路控制协议着重于对分段成物理块或包的数据的逻辑传输。块或包由起始标志引导，并由终止标志结束，也称为帧。帧是控制每个响应以及用协议传输的所有信息的媒体和工具。所有面向比特的数据链路控制协议均采用统一的帧格式，不论是数据还是单独的控制信息均以帧为单位传送。

4.5.3 HDLC简介

每个帧前后均有一标志码01111110用做帧的起始终止，指示帧的同步。标志码不允许在帧的内部出现，以免引起歧意。为保证标志码的唯一性，又要兼顾帧内数据的透明性，可以采用“0比特插入法”来解决。

该方法在发送端监视除标志码以外的所有字段，当发现有连续的5个“1”出现时，便在其后添加一个“0”，然后继续发送后继的比特流。在接收端同样监视除标志码以外的所有字段，当连续发现5个“1”出现后，若其后一个比特为“0”，则自动删除它，以恢复原来的比特流，若发现连续6个“1”，则可能是插入的“0”发生错误，也可能是收到了终止标志码。后两种情况可以进一步通过帧的校验序列来加以区分。

作为面向比特的同步数据控制协议，HDLC 具有如下特点。

① 协议不依赖于任何一种字符编码集。

② 数据报文可透明传输。用于透明传输的“0 比特插入法”易于硬件实现。

③ 全双工通信。不必等待确认，可连续发送数据有较高的数据链路传输效率。

④ 所有帧均采用 CRC 校验。对信息帧进行顺序编号，可防止漏收或重收，传输可靠性高。

⑤ 传输控制功能与处理功能分离。具有较大的灵活性和较完善的控制功能。

由于以上特点，目前网络设计及整机内部通信设计普遍使用 HDLC 数据链路控制协议。

4.5.3.1 HDLC 的操作方式

HDLC 是通用的数据链路控制协议，当开始建立数据链路时，允许选用特定的操作方式。所谓链路操作方式，通俗地讲就是以主节点方式操作还是以从节点方式操作，或者是二者兼备。

在链路上用于控制目的的节点称为主节点，其他受主节点控制的节点称为从节点。主节点负责对数据流进行组织，并且对数据上的差错实施恢复。由主节点发往从节点的帧称为命令帧。而由从节点返回主节点的帧称为响应帧，连有多个节点的链路通常使用轮询技术，轮询其他节点的节点为主节点。而在点到点链路中，每个节点均可为主节点，在一个节点连接多条链路的情况下，该节点对于一些链路而言可能是主节点，而对另外一些链路而言有可能是从节点。

HDLC 中常用的操作方式有以下三种。

1．正常响应方式（NRM）

正常响应方式（Normal Response Mode，NRM）是一种非平衡数据链路操作方式，有时也称为非平衡正常响应方式。该操作方式使用于面向终端的点到点或一点到多点的链路。在这种操作方式下，传输过程由主节点启动，从节点只有收到主节点某个命令帧后，才能作为响应向主节点传输信息，响应信息可以由一个或多个帧组成。若信息由多个帧组成，则应指出哪一帧是最后一帧。主节点负责管理整个链路且具有轮询，选择从节点及及向从节点发送命令的权利，同时也负责对超时、重发及各类恢复操作的控制。

2．异步响应方式（ARM）

异步响应方式（Asynchronous Response Mode，ARM）也是一种非平衡数据链路操作方式，与 NRM 不同的是，ARM 下的传输过程由从节点启动。从节点主动发送给主节点的一个或一组帧中可包含信息，也可以是仅以控制为目的而发的帧。在这种操作方式下由从节点来控制超时和重发。该方式对采用轮询方式的多节点链路来说是必不可少的。

3．异步平衡方式（ABM）

异步平衡方式（Asynchronous Balanced Mode，ABM）是一种允许任何节点来启动传输的操作方式。为了提高链路传输效率，节点之间在两个方向上都需要有较高的信息传输量，在这种操作方式下，任何时候任何节点都能启动传输操作。每个节点既可以作为主节点又可以作为从节点，即每个节点都是组合节点，各个节点都有相同的一组协议。任何节点都可以发送或接受命令，也可以给出应答，并且各节点对差错恢复过程都负有相同的责任。

4.5.3.2 HDLC 的帧格式

在 HDLC 中，数据和控制报文均以帧的标准格式传送。HDLC 中的帧类似于 BSC 的字符块，但不是独立传输的。HDLC 的完整的帧由标志字段 F、地址字段 A、控制字段 C、信息字段 I、帧校验序列字段 FCS 等组成，如表 4-1 所示。

表 4-1 HDLC 基本帧的结构

标志字段 F	地址字段 A	控制字段 C	信息字段 I	帧校验序列字段 FCS	标志字段 F
01111110	8 位	8 位	*N* 位	16 位	01111110

1. 标志字段 F

标志字段为 01111110 的比特模式，用以标志帧的开始与结束，也可以作为帧与帧之间的填充字符。通常，在不进行帧传送的时刻，信道仍处于激活状态，在这种状态下，发送方不断地发送标志字段，而接收方则检测每一个收到的标志字段，一旦发现某个标志字段后面不再是一个标志字段，便可认为新的帧传动已经开始。采用“0 比特插入法”可以实现数据的透明传输。

2. 地址字段 A

地址字段的内容取决于所采用的操作方式，有主节点、从节点和组合节点之分。每个从节点与组合节点都被分配一个唯一的地址，命令帧中的地址字段携带的是对方节点的地址，而响应帧中的地址字段所携带的地址是本节点的地址。某一地址也可分配给不止一个节点，这种地址称为组地址。利用一个组地址传输的帧能被组内所有拥有该地址的节点接收，但当一个节点或组合节点发送响应时，它仍应当用它唯一的地址，还可以用全“1”地址来表示包含所有节点的地址，称为广播地址，含有广播地址的帧传送给链路上所有的节点。另外还规定全 0 的地址为无节点地址，不分配给任何节点，仅作为测试用。

3. 控制字段 C

控制字段用于构成各种命令及响应，以便对链路进行监视与控制。发送方主节点或组合节点，利用控制字段来通知被寻址的从节点或组合节点执行约定的操作，相反，从节点用该字段作为对命令的响应，报告已经完成的操作或状态的变化。该字段是 HDLC 的关键，控制字段中的第一位或第一位、第二位表示传送帧的类型即信息帧（I 帧）、监控帧（S 帧）和无编号帧（U 帧）三种不同类型的帧。控制字段的第五位是 P/F 位，即轮询/终止位（Poll/Final）位。

4.5.3.3 HDLC 的应用特点

1. 应用场合

就系统结构而言，HDLC 适用于点到点或点到多点式的结构；就工作方式而言，HDLC 适用于半双工或全双工；就传输方式而言，HDLC 只用于同步传输。在传输速率方面考虑，HDLC 常用于中高速传输。

2. 传输效率

HDLC 开始发送一帧后，就要连续不断地发完该帧。HDLC 可以同时确认几个帧，且每个帧含有地址字段 A。在多点结构中，每个从节点只接收含有本节点地址的帧，因此主节点在选中一个从节点并与之通信的同时，不用拆链便可以选择其他的节点通信，即可以同时与多个节点建立链路。由于以上特点，HDLC 具有较高的传输效率。

3．传输可靠性

HDLC 中所有的帧，包括响应帧都有 FCS。I 帧按窗口序号顺序编号，传输可靠性比异步通信高。

4．数据透明性

HDLC 采用“0 比特插入法”，对数据进行透明传输。传输信息的比特组合模式无任何限制，处理简单。

5．信息传输格式

HDLC 采用统一的帧格式来实现数据、命令和响应的传输，实现起来方便。

6．链路控制

HDLC 利用改变一帧中的控制字段的编码格式，来完成各种规定的链路操作功能，提供的是面向比特的传输功能。

习 题 4

1. 什么是局域网？局域网的主要特点有哪些？
2. 局域网有哪些拓扑结构？常用的是哪几种？
3. 什么是介质访问控制方式？CSMA/CD 的基本原理是什么？
4. 什么是 FDDI 网？其工作原理是什么？
5. 在 HDLC 协议中，常用的操作方式分为哪几种？

应用篇

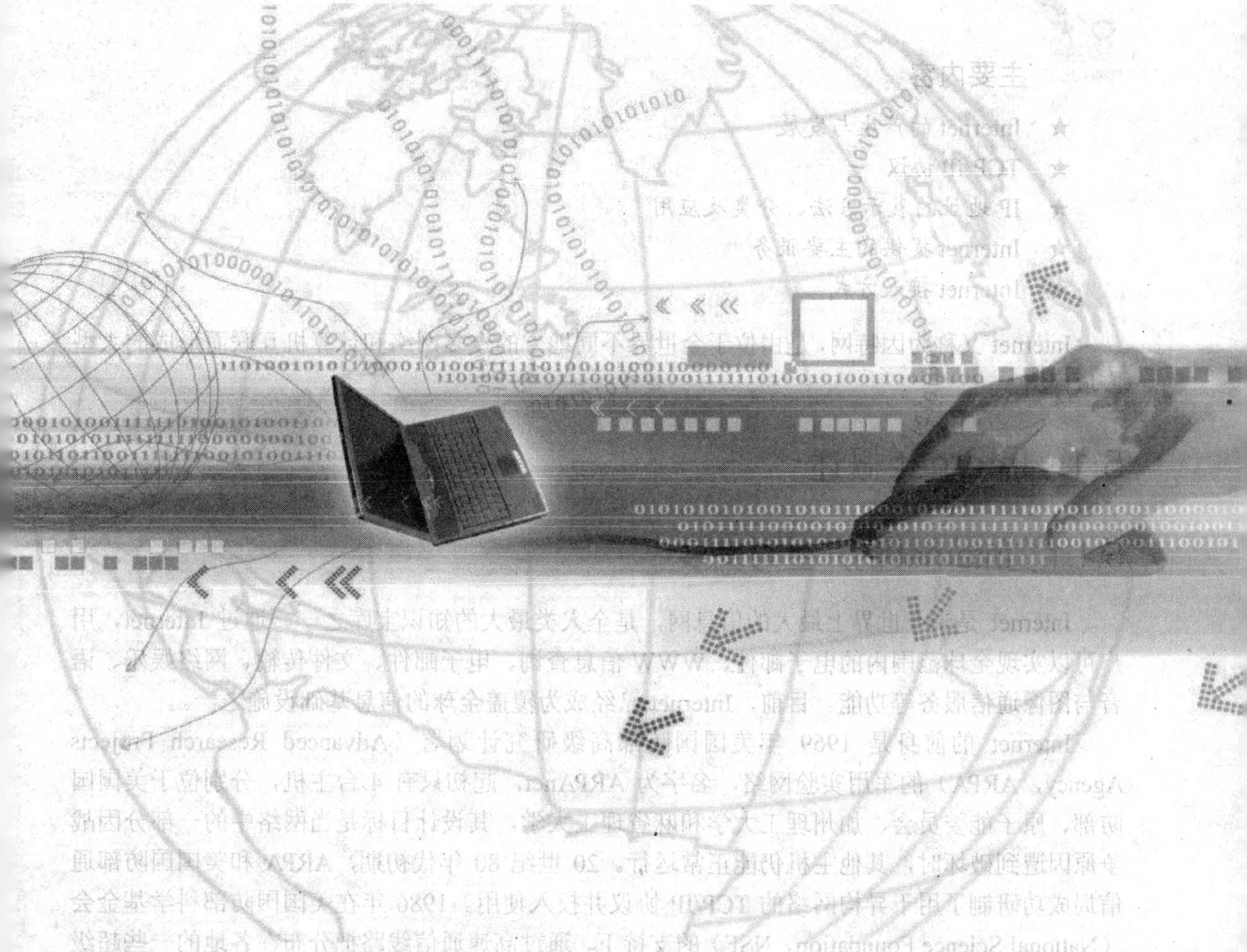

第 5 章　Internet 技术及应用

学习目标

了解 Internet 的产生与发展，熟悉掌握 TCP/IP 协议、Internet 提供的主要服务，理解 IP 地址的表示方法、分类及应用。

主要内容

★　Internet 的产生与发展
★　TCP/IP 协议
★　IP 地址的表示方法、分类及应用
★　Internet 提供的主要服务
★　Internet 接入方式

Internet 又称为因特网，是由位于全世界不同地方的众多网络和计算机互联而形成的大型广域网络。

5.1　Internet 概述

5.1.1　Internet 的产生与发展

Internet 是当今世界上最大的信息网，是全人类最大的知识宝库之一。通过 Internet，用户可以实现全球范围内的电子邮件、WWW 信息查询、电子邮件、文件传输、网络娱乐、语音与图像通信服务等功能。目前，Internet 已经成为覆盖全球的信息基础设施之一。

Internet 的前身是 1969 年美国国防部高级研究计划署（Advanced Research Projects Agency，ARPA）的军用实验网络，名字为 ARPAnet，起初只有 4 台主机，分别位于美国国防部、原子能委员会、加州理工大学和麻省理工大学，其设计目标是当网络中的一部分因战争原因遭到破坏时，其他主机仍能正常运行。20 世纪 80 年代初期，ARPA 和美国国防部通信局成功研制了用于异构网络的 TCP/IP 协议并投入使用。1986 年在美国国防部科学基金会（National Science Foundation，NSF）的支持下，通过高速通信线路把分布在各地的一些超级计算机连接起来，经过十几年的发展形成了Internet的雏形。

Internet连接了分布在世界各地的计算机，并且按照统一的规则为每台计算机命名，制定了统一的网络协议TCP/IP来协调计算机之间的信息交换。任何人、任何团体都可以接入到Internet。对用户和服务提供者开放是Internet获得成功的重要原因。TCP/IP协议就如同在Internet中使用的世界语，只要Internet上的用户都使用TCP/IP协议，大家就能方便地进行交谈。在Internet上你“是谁”并不重要，重要的是你提供了什么样的信息。每个自愿连入Internet的主机都有各种类型的信息资源。无论是跨国公司的服务器，还是个人入网的计算机，都仅仅是Internet数千万网站中的一个节点。没有人能完全拥有或控制Internet，它是一个不属于任何一个组织或个人的开放网络，只要是遵照协议TCP/IP的主机，均可上网。Internet代表着全球范围内一组无限增长的信息资源，其内容之丰富是任何语言都难以描述的。它是第一个实用的信息网络，入网用户既可以是信息的消费者，也可以是信息的提供者。随着更多计算机的接入，Internet的实用价值越来越高，因此Internet早期以科研教育为主的运营性质正在被突破，应用领域越来越广，除商业领域外，政府上网也日益普及，借助Internet的电子政务也发展得很快。

5.1.2 Internet的特点

Internet的特点可以归纳为以下几点：

① Internet是一个开放的网络，只要是支持TCP/IP协议的网络，都可以方便地接入Internet；

② Internet是一个自由的网络，只要成了Internet中的一员，就可以与全球范围内Internet上的任意一台机器通信了，具有任意的增长空间；

③ Internet上的应用种类繁多，必然成为人们感兴趣的焦点；

④ 有对数据的尽力而为的转发特性，它不对通信质量提供保证。

5.1.3 Internet的服务

一般来说，Internet可以提供以下主要服务。

① 万维网（WWW）服务：可以通过WWW服务浏览新闻、下载软件、购买商品、收听音乐、观看电景、网上聊天、在线学习，等等。

② 电子邮件（E-mail）服务：可以通过Internet上的电子邮件服务器发送和接收电子邮件，进行信息传输。

③ 搜索引擎服务：可以帮助用户快速查找所需要的资料、想访问的网站、想下载的软件或者所需要的商品。

④ 文件传输（FTP）服务：提供了一种实时的文件传输环境，可以通过FTP服务连接远程主机，进行文件的下载和上传。

⑤ 电子公告板（BBS）服务：提供一个在网上发布各种信息的场所，也是一种交互式的实时应用。除发布信息外，BBS还提供了类似新闻组、收发电子邮件、聊天等功能。

⑥ 远程登录（Telnet）服务：可以通过远程登录程序进入远程的计算机系统。只要拥有在Internet上某台计算机的账号，无论在哪里，都可以通过远程登录来使用该台计算机，就像使用本地计算机一样。

⑦ 新闻组（UseNet）服务：这是为需要进行专题研究与讲座的使用者开辟的服务，通过

新闻组既可以发表自己的意见，也可以领略别人的见解。

5.1.4 我国的 Internet

中国是第 71 个加入 Internet 的国家，1994 年 5 月，以“中科院— 北大— 清华”为核心的“中国国家计算机网络设施”（The National Computing and Network Facility of China，NCFC，也称中关村网）与 Internet 联通。随后，我国陆续建造了基于 TCP/IP 技术的并可以和 Internet 互联的四个全国范围的公用计算机网络，它们分别是：中国公用计算机互联网 CHINANET、中国金桥信息网 CHINAGBN、中国教育科研计算机网 CERNET 以及中国科技网 CSTNET，其中，前两个是经营性网络，而后两个是公益性网络。最近两年又陆续建成了中国联通互联网、中国网通公用互联网、宽带中国、中国国际经济贸易互联网、中国移动互联网等。

CHINANET 始建于 1995 年，由中国电信负责运营，是上述网络中最大的一个，是我国最主要的 Internet 骨干网。它通过国际出口接入 Internet，从而使 CHINANET 成为 Internet 的一部分。CHINANET 具有灵活的接入方式和遍布全国的接入点，可以方便用户接入 Internet，享用 Internet 上的丰富资源和各种服务。CHINANET 由核心层、接入层和网管中心三部分组成。核心层主要提供国内高速中继通道和连接“接入层”，同时负责与 Internet 的互联，核心层构成 CHINANET 骨干网。接入层主要负责提供用户端口以及各种资源服务器。

2003 年底，中国互联网络信息中心（China Network Information Center，CNNIC）公布：我国上网计算机数约 3 089 万台，我国上网用户人数约 7 950 万人，CN 下域名数量为 340 040 个，WWW 站点 595 550 个。经营性骨干网有：中国电信集团公司、中国联通公司、中国网通公司、中国吉通公司、中国移动通信公司、中国通信广播卫星公司，中国有四支.com 网络概念股在 NASDAQ 上市，分别是新浪、搜狐、网易、中华网。

我国国际出口带宽的总容量为 27 216 Mbit/s，连接的国家有美国、加拿大、澳大利亚、英国、德国、法国、日本、韩国等，具体分布情况如下。

- 中国科技网（CSTNET）：155 Mbit/s。
- 中国公用计算机互联网（CHINANET）：16 500 Mbit/s。
- 中国教育和科研计算机网（CERNET）：447 Mbit/s。
- 中国联通互联网（UNINET）：1 490 Mbit/s。
- 中国网通公用互联网（网通控股）（CNCNET）：3 592 Mbit/s。
- 宽带中国 CHINA169 网（网通集团）：4 475 Mbit/s。
- 中国国际经济贸易互联网（CIETNET）：2 Mbit/s。
- 中国移动互联网（CMNET）：555 Mbit/s。

5.2 Internet 协议分析

TCP/IP 协议是 Internet 互联网的核心协议。TCP/IP 协议并不是单纯的两个协议，而是一组通信协议的集合。

5.2.1 TCP/IP 协议的概念

TCP/IP 协议包含了以下几个主要模块：

① IP 协议，即网际协议；

② TCP/IP 实用程序；

③ 文件传输协议（FTP）；

④ 简单网络管理协议（SNMP）；

⑤ TCP/IP 网络打印；

⑥ 动态主机配置协议（DHCP）；

⑦ 域命名服务器（DNS）。

另外还有 UDP（用户数据报协议）、ICMP（互联网控制消息协议）、ARP（地址解析协议）、RARP（逆向地址解析协议）、HTTP（超文本传输协议）、Telnet（远程终端协议）、SMTP（简单邮件传输协议）、WINS（网际命名服务）和 IGMP（互联网组管理协议）等。

5.2.2 TCP/IP 的层次结构

OSI 七层参考模型是在互联网出现之前设计的，因此，没有包含互联网协议这一层。所以 TCP/IP 的体系结构共有四个层次，即应用层、传输层、互联网层（网际网层）和网络接口层。

TCP/IP 的分层模型中，存在两个重要边界。应用层为用户应用软件，而传输层及其以下各层则运行在操作系统内部软件。在 TCP/IP 中存在两个地址：IP 地址和物理地址。互联网层以上各层用 IP 地址，而接口层用物理地址，它们由 ARP 协议来进行解析。（详见第 3 章）

5.3 IP 协议

5.3.1 IP 协议的主要特点

① IP 协议采用数据报方式传输数据，提供无连接的数据报传输机制。

面向“无连接”是指通信双方在进行通信之前，不需要事先建立好连接。面向“连接”是指在进行通信之前，通信双方必须先建立连接才能进行通信，通信结束后，断开连接。

无连接数据报传输，是指数据传输时 IP 协议不维护连续数据报的任何状态，IP 数据报可能会不按照发送的顺序到达，后发的可能先到。

② IP 协议能适应各种各样的网络硬件，对底层网络硬件几乎没有任何要求，任何一个网络只要能传送二进制数据，都可以使用 IP 协议。

③ 数据传输中没有校验，所以，IP 协议不保证服务的可靠性，尽力而为。要实现可靠，必须通过高层协议来完成。

5.3.2 IP 协议的主要功能

① 能完成点对点的通信，对等实体间通信不需经过任何中间机器。

② IP 协议为网络中的每一个实体赋予了一个全局标志符——IP 地址。

③ IP 数据报具有路由选择功能。由于 Internet 涉及多个不同网络，当数据报经过不同网段时，能够通过路由器或网关进行传送。

5.3.3 IP 协议分析

IP 协议通过 IP 数据报和 IP 地址能够将多种物理网络技术统一起来。IP 协议数据报具有两层含义：

① 提供了无连接的数据报传输机制；

② 规定了 IP 层传输数据报单元的格式。

5.4 IP 地址

在 TCP/IP 体系结构中，IP 地址是一个最基本的概念。有关 IP 最重要的文档就是 RFC791，其很早就成为了 Internet 的正式标准。

5.4.1 IP 地址的编址方法

把整个 Internet 看成为一个单一的、抽象的网络，IP 地址就是给每个连接在 Internet 上的主机（或路由器）分配一个在全世界范围内唯一的 32 bit 的标志符。IP 地址现在由 Internet 名字与号码指派公司（Internet Corporation for Assigned Names and Numbers，ICANN）进行分配。

IP 地址的编址方法共经过了三个历史阶段。

① 分类的 IP 地址：这是最基本的编址方法，在 1981 年就通过了相应的标准协议。

② 子网的划分：这是对最基本的编址方法的改进，其标准 RFC950 在 1985 年通过。

③ 构成超网：这是比较新的无分类编址方法，1993 年提出后很快就得到推广应用。

5.4.2 分类的 IP 地址

1．分类的 IP 地址的结构

所谓"分类的 IP 地址"就是将 IP 地址划分成为五类，每一类地址都由两个固定长度的字段组成，其中一个字段是网络号（net-id），它标志主机（或路由器）所连接到的网络，而另一个字段则是主机号（host-id），它标志该主机（或路由器）。一个主机号在其前面的网络号所指明的网络范围内必须是唯一的。由此可见，一个 IP 地址在整个因特网范围内是唯一的。

这种两级的 IP 地址，一部分作为网络标志，一部分作为主机地址，如图 5-1 所示。

网络地址	主机地址

图 5-1　IP 地址的组成

2．表示法——点分十进制表示法

目前，在 Internet 里，IP 地址是一个 32 位的二进制地址。为了便于记忆，将它们分成四组，每组八位，用十进制数表示，由小数点分开。这种表示法称为点分十进制表示法。192.128.1.16 就是一个 IP 地址，如图 5-2 所示。

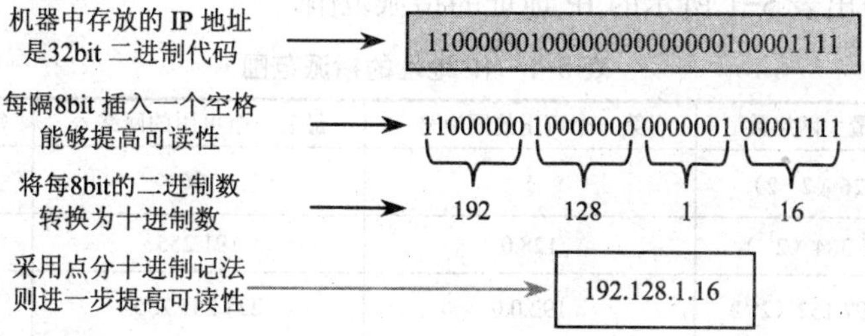

图 5-2　点分十进制表示的示例

3. IP 地址的种类

IP 地址可确认网络中的任何一个网络和计算机。Internet 将 IP 地址按规模大小分成 A、B、C、D、E 五类，其中，D、E 两类为特殊网络地址，通常用的是 A、B、C 三类，如图 5-3 所示。

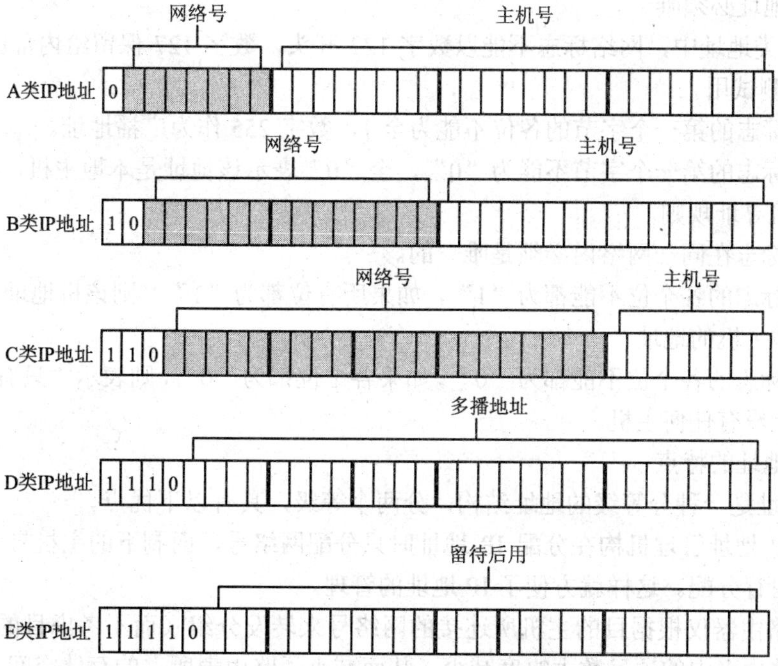

图 5-3　IP 地址中的网络号字段和主机号字段

下面对 A、B、C 三类地址进行详细说明。

① A 类地址。首位为 0，7 位网络地址，其余 24 位表示主机地址。这样，一个 Internet 就可以有 1～126 个（0 号和 127 号被保留）。它主要用于具有大量主机而局域网的个数又较少的大型网络，如 IBM 公司网络。

② B 类地址。前两位为 10，接着的 14 位表示网络地址，其余 16 位表示主机地址。它第一个可用的网络号为 128.1，最后一个可用的网络号为 191.254。它可以有 65 534 个节点，通常分配给一般的中型网络。

③ C 类地址。前三位是 110，接下来的 21 位是网络号，剩下的 8 位作为主机地址。它可

以有 254 个节点。它的第一个可用的网络号 192.0.1，最后一个可用的网络号为 223.255.254。它一般分配给小型网络，如校园网等。

这样就可以得出表 5-1 所示的 IP 地址的指派范围。

表 5-1　IP 地址的指派范围

网络类别	最大网络数	第一个可用的网络号	最后一个可用的网络号	每个网络中的最大主机数
A	126（2^7-2）	1	126	16 777 214
B	16 384（2^{14}）	128.0	191.255	65 534
C	2 097 152（2^{21}）	192.0.0	223.255.255	254

此外，IP 地址还规定了一套特殊的地址形式，如：主机地址为全 1 就作为全网的广播地址，若主机地址为全 0 就代表网络地址。142.224.0.0 就表示一个 B 类网络，没有主机。它们的寻址有以下规则。

（1）网络寻址规则

① 网络地址必须唯一。

② 在 A 类地址中，网络标志不能以数字 127 开头，数字 127 保留给内部回送地址（环路地址），作测试用。

③ 网络标志的第一个字节的各位不能为全 1，数字 255 作为广播地址。

④ 网络标志的第一个字节不能为“0”，全“0”表示该地址是本地主机，不能传送。

（2）主机寻址规则

① 主机标志在同一网络内必须是唯一的。

② 主机标志的各个位不能都为“1”，如果所有位都为“1”，则该机地址是（直接）广播地址，而非主机的地址。

③ 主机标志的各个位不能都为“0”，如果各个位都为“0”，则表示“只有这个网络”，而这个网络上没有任何主机。

（3）IP 地址的特点

① IP 地址是一种分等级的地址结构，分两个等级，具有以下优点。

第一，IP 地址管理机构在分配 IP 地址时只分配网络号，而剩下的主机号则由得到该网络号的单位自行分配。这样就方便了 IP 地址的管理。

第二，路由器仅根据目的主机所连接的网络号来转发分组（而不考虑目的主机号），这样就可以使路由表中的项目数大幅度减少，从而减小了路由表所占的存储空间。

② 实际上 IP 地址是标志一个主机（或路由器）和一条链路的接口。

当一个主机同时连接到两个网络上时，该主机就必须同时具有两个相应的 IP 地址，其网络号必须是不同的。这种主机称为多接口主机（Multihomed Host）。

由于一个路由器至少应当连接到两个网络（这样它才能将 IP 数据报从一个网络转发到另一个网络），因此一个路由器至少应当有两个不同的 IP 地址。

③ 用转发器或网桥连接起来的若干个局域网仍为一个网络，因此这些局域网都具有同样的网络号。

④ 所有分配到网络号的网络，不论是范围很小的局域网，还是可能覆盖很大地理范围的广域网，都是平等的。

5.4.3 子网的划分和子网掩码

Internet是由许许多多的小网络互联而成的。从IP地址的分类可以看出，A、B类地址中，包含了庞大的主机地址。一个A类网络，其主机地址是24位，可以有16 777 214个主机；而一个B类网络，其主机地址是16位，可以有65 534个主机。这么多地址通常分配给一个组织都不会用完，势必造成IP地址的大量浪费。另外，一个网络中的主机太多，信息以广播方式发送时，广播风暴发生的概率也会加大，势必造成网络性能下降。基于以上原因，提出把IP地址中的主机地址再加以划分，于是就出现了IP子网的概念。

所谓IP子网，是指把IP地址中的主机地址部分进一步划成两个部分，一部分为子网地址，另一部分为主机地址。

理论上，主机地址中的哪几位作为子网地址是没有限制的。

例如，一个C类网络，网络地址为202.112.143.0，主机地址有8位，取其中的前三位作为子网地址，则可有8个子网，每个子网可以有30台主机（除去全0的子网和全1的广播地址）。

为了识别有几位地址用于子网，又有几位地址用于主机，IP协议是用子网掩码来标志子网的。

子网掩码也是32位，形式同IP地址，如255.255.255.0。当需要获取子网地址时，通过把IP地址与子网掩码进行“按位与”运算，就可得到子网地址。

例如，IP地址为202.112.143.171，子网掩码为是255.255.255.224，则子网地址为202.112.143.160。

从上面的运算可以看出，当子网掩码为255.255.255.0时，正好是C类的网络地址；而当子网掩码为255.255.0.0时，就正好是B类的网络地址。有些地区在联网时，没有将主机地址再细分，也就形成了以上情况。

子网的划分和子网掩码如图5-4所示。

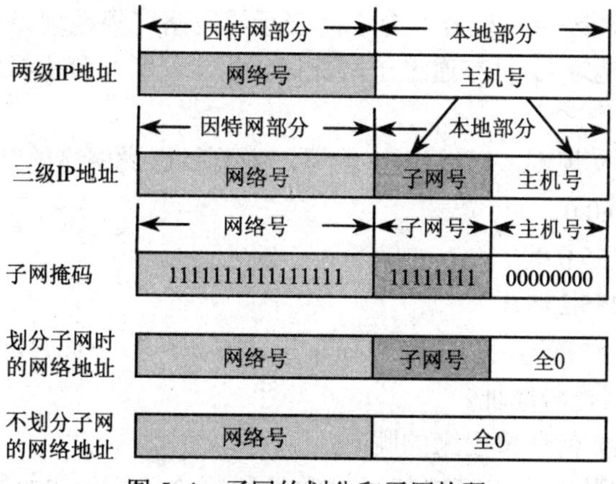

图5-4 子网的划分和子网掩码

1. 从两级IP地址到三级IP地址

在ARPAnet的早期，IP地址的设计确实不够合理，主要表现在以下几个方面：

① IP地址空间的利用率有时很低；

② 给每一个物理网络分配一个网络号会使路由表变得太大以致网络性能变坏；

③ 两级 IP 地址不够灵活。

2．三级 IP 地址

从 1985 年起在 IP 地址中又增加了一个“子网号字段”，使两级 IP 地址变成为三级 IP 地址。这种做法叫做划分子网（Subnetting）。划分子网已成为 Internet 的正式标准协议，其基本思路如下：

① 划分子网纯属一个单位内部的事情，单位对外仍然表现为没有划分子网的网络；

② 从主机号借用若干个比特作为子网号（subnet-id），而主机号也就相应减少了若干个比特。

因此，同两级 IP 地址类似，三级 IP 地址可以表示为：

IP 地址::={<网络号>，<子网号>，<主机号>}

凡是从其他网络发送给本单位某个主机的 IP 数据报，仍然是根据 IP 数据报的目的网络号。先找到连接在本单位网络上的路由器，然后此路由器在收到 IP 数据报后，再按目的网络号和子网号找到目的子网，最后将 IP 数据报直接交付给目的主机。

3．子网掩码

在不划分子网的两级 IP 地址下，从 IP 地址得出网络地址是很简单的事。但是在划分子网的情况下，从 IP 地址却不能唯一地得出网络地址，也就是说，从一个 IP 数据报的首部无法判断源主机或目的主机所连接的网络是否进行了子网的划分。因此需要使用子网掩码（Subnet Mask）才可以找出 IP 地址中的子网部分。

子网掩码的结构同 IP 地址，共 32 bits，由 1 和 0 组成，且 1 和 0 分别连续，左边是网络位，用二进制数字“1”表示，1 的数目等于网络位的长度；右边是主机位，用二进制数字“0”表示，0 的数目等于主机位的长度。这样做的目的是为了让掩码与 IP 地址作 AND 运算时用 0 遮住原主机数，而不改变原网络段数字，而且很容易通过 0 的位数确定子网的主机数（2 的主机位数次方-2，因为主机号全为 1 时表示该网络广播地址，全为 0 时表示该网络的网络号，这是两个特殊地址）。只有通过子网掩码，才能表明一台主机所在的子网与其他子网的关系，使网络正常工作。

根据子网掩码的定义规则，可以得出 A 类、B 类和 C 类网络的默认子网掩码分别如下。

A 类网络为：255.0.0.0

B 类网络为：255.255.0.0

C 类网络为：255.255.255.0

通常，IP 地址和子网掩码可以用一种简单形式表示，如 202.112.143.171/27，表示 IP 地址中的前 27 位作为子网掩码地址。

那么，子网掩码是如何计算出来的呢？

用于子网掩码的位数决定于可能的子网数目和每个子网的主机数目。在定义子网掩码前，必须弄清楚本来使用的子网数和主机数目。

定义子网掩码的步骤如下。

① 确定哪些组地址可以使用。比如申请到的网络号为“210.73.a.b”，该网络地址为 C

类IP地址，网络标志为“210.73.a”，主机标志为“.b”。

② 根据现在所需的子网数以及将来可能扩充到的子网数，用宿主机的一些位来定义子网掩码。比如现在需要12个子网，将来可能需要16个。用第四个字节的前四位确定子网掩码。前四位都置为“1”（即把第四字节的最后四位作为主机位，其实在这里有个简单的规律，非网络位的前几位置1，原网络就被分为2的几次方个网络，这样原来网络就被分成了2的4次方16个子网），即第四个字节为“11110000”，这个数称为新的二进制子网掩码。

③ 把对应初始网络的各个位都置为“1”，即前三个字节都置为“1”，第四个字节低四位置为“0”，则子网掩码的间断二进制形式为“11111111.11111111.11111111.11110000”。

④ 把这个数转化为点分十进制形式为“255.255.255.240”，这个数为该网络的子网掩码。

（1）利用子网数来计算

在求子网掩码之前必须先搞清楚要划分的子网数目以及每个子网内的所需主机数目。

① 将子网数目转化为二进制来表示。

② 取得该二进制的位数，为N。

③ 取得该IP地址的类子网掩码，将其主机地址部分的前N位置1，即得出该IP地址划分子网的子网掩码。

将B类IP地址168.195.0.0划分成27个子网的步骤如下。

① 27=11 011。

② 该二进制为五位数，N=5。

③ 将B类地址的子网掩码255.255.0.0的主机地址前5位置1，得到255.255.248.0，即为划分成27个子网的B类IP地址168.195.0.0的子网掩码。

（2）利用主机数来计算

① 将主机数目转化为二进制来表示。

② 如果主机数小于或等于254（注意去掉保留的两个IP地址），则取得该主机的二进制位数为N，这里N<8。如果大于254，则N>8，即主机地址将占据不止8位。

③ 使用255.255.255.255来将该类IP地址的主机地址位数全部置1，然后从后向前将N位全部置为0，即为子网掩码值。

将B类IP地址168.195.0.0划分成若干子网，每个子网内有主机700台，步骤如下。

① 700=1010111100。

② 该二进制为十位数，N=10。

③ 将该B类地址的子网掩码255.255.0.0的主机地址全部置1，得到255.255.255.255。然后再从后向前将后10位置0，即为11111111.11111111.11111100.00000000，得到255.255.252.0，这就是欲划分成主机为700台的B类IP地址168.195.0.0的子网掩码。

另外，子网掩码的另一个作用就是判断任意两台计算机的IP地址是否属于同一子网络。最为简单的理解就是两台计算机各自的IP地址与子网掩码进行AND运算后，如果得出的结果是相同的，则说明这两台计算机是处于同一个子网络上的，可以直接进行通信。

例如，有两台主机，IP 地址分别是 192.168.0.1 和 192.168.0.30，已知子网掩码为255.255.255.0，请判断这两台主机是否处在一个子网中。

解：第一台主机计算如下。

IP地址：　192.168.0.1

子网掩码：　255.255.255.0

转化为二进制进行运算。

IP 地址：　11000000.10101000.00000000.00000001

子网掩码：　11111111.11111111.11111111.00000000

AND 运算（AND 运算法则：1AND1=1，1 AND 0=0，0 AND 1=0，0 AND 0=0，即当对应位均为 1 时结果为 1，其余为 0）。

11000000.10101000.00000000.00000000

转化为十进制后为 192.168.0.0。因此，这台主机所在的子网为 192.168.0.0。

同样，第二台主机按照上面的计算方法，可以得到这台主机所在的子网也为 192.168.0.0，所以这两台主机在同一个子网中。

5.4.4　域名系统

IP 地址是纯数字，不形象，比较难记，Internet 的域名系统就是为方便记忆机器的 IP 地址而设立的。域名系统采用层次结构，按地理域或机构域进行分层，用小数点将各个层次隔开，从右到左依次为最高域名段、次高域名段等，最左的一个字段为主机名。例如电子公告栏 BBS 主机的域名是：bbs.edu.cn。

① 形如 xxxxx.yyy 的域名是国际顶级域名，其中 yyy 为国际通用域，一般有以下几种情况。

com：表示商业机构。

net：表示网络服务机构。

org：表示非营利性组织。

gov：表示政府机构。

edu：表示教育机构。

mil：表示军事机构。

例如：sina.com 即为国际顶级域名。国际顶级域名一般简称顶级域名。

② 形如 xxxxx.yyy.zz 的域名为国内域名。其中 zz 为地理域，如 cn 就代表中国，hk 代表中国香港，tw 代表中国台湾等。

③ 与 IP 地址一样，域名在 Internet 上也是全世界唯一的。一个域名只能对应唯一的 IP 地址。它与 IP 地址最大的不同在于：域名是始终不变的，而当设备的位置发生改变时，IP 地址可以随之改变。

④ Internet 上的域名解析一般是静态的，即一个域名所对应的 IP 地址是长期不变的。

⑤ 动态域名的功能，就是实现固定域名到动态 IP 地址之间的解析。用户每次上网得到新的 IP 地址之后，安装在用户计算机里的动态域名软件就会把这个 IP 地址发送到动态域名解析服务器，更新域名解析数据库。Internet 上的其他人要访问这个域名的时候，动态域名解析服务器会返回正确的 IP 地址给它。

5.4.5　IP 协议的发展

Ipv4，IP 地址的长度为 32 位，地址空间的容量为 2^{32}。它的 32 位地址分成 4 组，每组 8

位，用“.”隔开，每组用十进制数表示，叫做点分十进制表示法。

Ipv6，IP 地址的长度为 128 位，地址空间的容量为 2^{128}。它的 128 位地址分成 8 组，每组 16 位，用“：”隔开，每组用十六进制表示，也可称为冒分十六进制表示法。

Ipv6 地址有三种类型：单播地址、泛播地址和组播地址。

5.5　Internet 服务

Internet 上有许多服务，如 E-mail（电子邮件）、WWW（网页浏览）、DNS（域名服务）、和 DHCP（动态主机配置服务）、FTP（文件传输服务）、WINS（Windows 网际命名服务）等。本书只对其中的几种加以简单介绍，其他内容将在后续章节中详细描述。

5.5.1　DNS 服务（Domain Name System）

DNS 服务称为域名系统，它是为方便解析机器的 IP 地址而设立的。Internet 上的每台计算机，在通信之前首先需要指定一个 IP 地址。

一个域名只能对应唯一的 IP 地址。它与 IP 地址最大的不同在于：域名是始终不变的，而当设备的位置发生改变时，IP 地址却可以随之改变。为了让 Internet 上的任一站点都能准确无误地访问到某一固定域名的网站，那就要解决 IP 地址和域名的映射问题，DNS 就是为了解决 Internet 网络地址映射问题而设立的。

DNS 是一个分层的地址管理查询系统，主要提供 Internet 上的主机 IP 地址和域名相互对应关系的服务。域名系统由国际组织 NIC（网络信息中心）管理，DNS 服务由网络中的 DNS 服务器提供，需要 DNS 服务的客户机至少需要知道一个 DNS 服务器的 IP 地址。当客户机要通过域名访问一个服务器时，客户机首先向 DNS 服务器提交主机域名，DNS 服务器查找相应的 IP 地址，并把相应的 IP 地址返回给客户机，而后，客户机使用 IP 地址就连接上了服务器。.

5.5.2　DHCP 服务（Dynamic Host Configuration Protocol）

在使用 TCP/IP 协议的网络中，每一台主机都必须有一个 IP 地址予以识别，但是，管理与配置客户端的 IP 地址和 TCP/IP 协议的环境参数是一项复杂的工作。动态主机配置协议（DHCP）的推出，使得网络管理工作变得轻松。

要使用 DHCP 服务，在整个网络中至少有一台主机安装 DHCP 服务器软件，而要使用 DHCP 功能的工作站也必须支持 DHCP 功能。

DHCP 工作站启动时，将自动与 DHCP 服务器通信，以获得从 DHCP 服务器所分配的 IP 地址。

IP 地址的分配方式包括自动分配和动态分配。

① 自动分配：当 DHCP 工作站第一次向 DHCP 服务器租用到 IP 地址后，这个地址以后就永远留给这个工作站使用。

② 动态分配：当 DHCP 工作站第一次向 DHCP 服务器租用到 IP 地址后，工作站只在租约期内使用该地址。租约期满，服务器可将该地址回收，进而再转供给其他工作站使用。

DHCP 服务器提供的服务不止是 IP 地址，还有子网掩码、默认网关等其他环境配置。

5.5.3 FTP 服务（File Transfer Protocol）

文件传输协议（FTP）是在 Internet 上实现远程文件传输的协议。通过 FTP 可以很方便地在几台主机之间传送程序和文件。使用 FTP 进行文件传输时，主机之间不受地理位置的限制，也不规定采用何种方式连接，同时还可以实现跨操作系统。FTP 一般都有一个软件下载区提供给客户使用。

在 Internet 上要连接 FTP 服务器，通常要有一个登录过程（Login），要求用户输入账户名和密码，也有的采用匿名（anonymous）FTP 服务。

5.5.4 WINS 服务（Windows Internet Name Service）

Windows 网际命名服务（WINS）用于在 TCP/IP 网络上解决主机名称与 IP 地址的对应问题。当支持 WINS 服务的工作站启动时，它就会自动将这台主机的“计算机名”和“IP 地址”加入 WINS 服务器的数据库中，也就是向 WINS 服务器注册登记。当支持 WINS 的工作站以计算机名需要相互通信时，它们就会向 WINS 服务器询问对方的 IP 地址。

5.5.5 WWW 服务（World Wide Web）

WWW 是 World Wide Web 的缩写，意为环球信息网，中文名叫万维网，简称 Web。

WWW 中的信息资源主要以 Web 页为基本元素，这些 Web 页采用超文本格式，它可以含有指向其他 Web 页或指向本身特定位置的超级链接。由于 Internet 上的 Web 页和链接非常多，纵横交错，于是就构成了一个巨大的信息网。

WWW 采用的是浏览器/服务器结构，它的作用是整理和存储各种 WWW 资源，并根据客户端的请求，把客户所需的资源传送到各个操作系统平台上。

WWW 服务器采用超文本标记语言，即 HTML。

浏览器（IE）是查看万维网的必备工具。

5.6 Internet 的接入

5.6.1 拨号接入方式

（1）终端拨号接入方式

终端拨号接入方式就是将计算机通过电话线和调制解调器连接到 Internet 上的一台主机上。实际上采用这种方式，用户只是变成了一个终端。用户没有自己的 IP 地址，使用的只是主机的 IP 地址。因此在这种方式下只能以文本方式来浏览信息。

（2）PPP/SLIP 方式

PPP/SLIP 方式是在客户端运行了串行通信协议（PPP/SLIP）而得名。它也是要通过调制解调器连接，并且用户端要运行 TCP/IP 协议，通过 DHCP 服务从网络中得到 IP 地址等。这样用户就作为了一个具有 TCP/IP 通信能力的主机连接到了 Internet 上。

（3）拨号设备

拨号设备有两种：音频调制解调器和综合业务数字网（Integrated Service Digital Network，ISDN）调制解调器。

音频调制解调器和电话语音的原理一样，需要通过电话网的程控交换机，独占电话线路。

ISDN 调制解调器虽然也使用电话线，但在数据通信时不影响电话的使用，所以它同时可以作多种用途，俗称一线通。

5.6.2　ADSL 接入

非对称数字用户环路（ADSL）本质上也是一种通过电话线接入 Internet 的方式，它可以同时传输语音和数据。但它不是通过调制解调器而是通过一种称为语音分离器的设备来分离语音和数据的。

非对称是指上行速率和下行速率不同。ADSL 上行速率可达 1 Mbit/s，下行速率则达 8 Mbit/s，这种特性正好适合 Internet 的接入，因为往往是下载的数据量远远大于上传的数据量。

5.6.3　Cable Modem 接入

电缆调制解调器（Cable Modem）是一种通过有线电视网络实现 Internet 的高速接入技术。用户与前端设备采用点对点的方式进行通信，一个前端设备可以同时接入多个用户。它的优点是覆盖范围广、传送速率高、费用低廉、不占用电话线；它的缺点是 Cable Modem 的所有用户共享总带宽，当用户数量较多时，每个用户所使用的带宽就会变得很窄。

5.6.4　局域网接入

前面讲的几种方式一般都是通过动态申请来获得 IP 地址的，而局域网接入通常只需要申请一个或多个 IP 地址即可。

局域网接入也有多种方式，典型的局域网接入是通过一个路由器和数字数据网连接再连到 Internet 的一个路由器上。

局域网接入还可以采用代理服务器方式，即申请两个全局 IP 地址，配置一台装有两块网卡的服务器和一个路由器。代理服务器运行代理服务软件，并在局域网的每台计算机中设定默认网关，局域网上的计算机只使用具有局部意义的内部 IP 地址。当内部计算机要访问 Internet 时，首先访问代理服务器，由代理服务器完成数据的转发，这时代理服务器就像是一个大的高速缓冲存储器（Cache）。

习　题　5

1．填空题

（1）在 Internet 中 URL 的中文名称是________；我国的顶级域名是________。

（2）Internet 中的用户远程登录是指用户使用________命令，使自己的计算机暂时成为远程计算机的一个仿真终端。

（3）发送电子邮件需要依靠________协议，该协议的主要任务是负责邮件服务器之间的邮件传送。

（4）用户的接入方式有________、________和________。

（5）为了确保通信时能够相互识别，在 Internet 上的每台主机都必须有一个唯一的标志，即主机的________。

（6）IP 地址由________和________两部分组成。常用的 IP 地址分为________、________、________三类。

（7）邮件服务器使用的协议有________、________和________。

2．选择题

（1）在 Intranet 服务器中，（　　）作为 WWW 服务的本地缓冲区，将 Intranet 用户从 Internet 中访问过的主页或文件的副本存放其中，用户下一次访问时可以直接从中取出，提高用户访问速度，节省费用。

A. WWW 服务器　B. 数据库服务器　C. 电子邮件服务器　D. 代理服务器

（2）HTTP 是（　　）。

A. 统一资源定位器　　B. 远程登录协议

C. 文件传输协议　　D. 超文本传输协议

（3）使用匿名 FTP 服务，用户登录时常常使用（　　）作为用户名。

A. anonymous　B. 主机的 IP 地址　C. 自己的 E-mail 地址　D. 节点的 IP 地址

（4）假设一个主机的 IP 地址为 192.168.5.121，子网掩码为 255.255.255.248，那么该主机的子网号为（　　）。

A. 192.168.5.12　B. 121　C. 15　D. 168

（5）以下 IP 地址中，为 B 类地址的是（　　）。

A. 112.213.12.23　　B. 210.123.23.12

C. 23.123.213.23　　D. 156.123.32.12

3．简答题

（1）简要说明 Internet 域名系统（DNS）的功能并举例解释域名解析的过程。

（2）请使用一个实例解释什么是 URL。

（3）电子邮件的工作原理是什么？

（4）对于个人用户，连入并浏览 Internet 需要哪些基本的硬件和软件？

（5）若要将一个 B 类的网络 172.17.0.0 划分为 14 个子网，请计算出每个子网的子网掩码以及在每个子网中主机 IP 地址的范围。

第 6 章 HTML 及网页制作

学习目标

了解 HTML 标记语言的产生与发展，熟练掌握标记语言的定义与组成，能用标记语言设计静态页面。

主要内容

★ 超文本标记语言 HTML

6.1 HTML

6.1.1 HTML 简介

HTML（Hyper Text Markup Language），是超文本标记语言的英文简称。HTML 文件是一个包含标记的文本文件，文件必须有 htm 或者 html 扩展名。并且 HTML 文件可以用一个简单的文本编辑器创建。

HTML 的应用范围非常广泛，比如出版在线文档、通过超链接检索在线信息、插入图像、建立表格、创建列表、设计表单、制作多媒体等。

下面举个简单例子来说明 HTML 的应用。

假如运行的是 Windows 操作系统，打开记事本，在其中输入以下文本：

```
<html>
<head>
    <title>Title of page</title>
</head>
    <body>
        This is my first homepage.
    <b>This text is bold</b>
    </body>
</html>
```

将此文件保存为“myfirst.htm”。

启动浏览器，在文件菜单中选择“打开”（或者“打开页面”），这时将出现一个对话框。选择“浏览”（或者“选择文件”），定位到刚才创建的 HTML 文件——“myfirst.htm”，选择它，单击“打开”按钮。然后在对话框中，将看到这个文件的地址，比如“C:\MyDocuments\myfirst.htm”。单击“确定”按钮，浏览器将显示此页面，如图 6-1 所示。

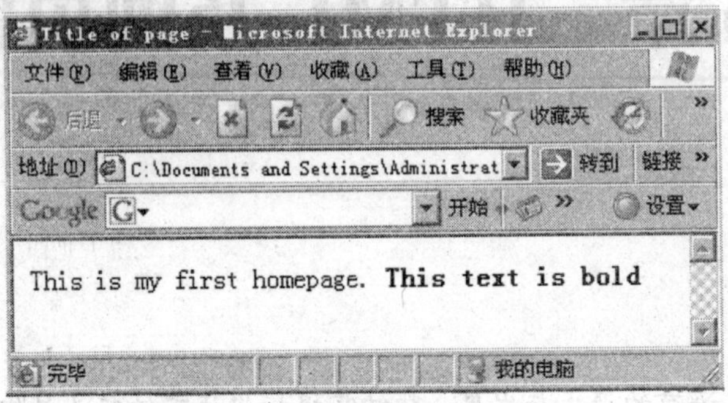

图 6-1　启动浏览器页面

例子解释：

HTML 文档中，第一个标签是<html>，表示 HTML 文档的开始。HTML 文档的最后一个标签是</html>，表示 HTML 文档的终止。

在<head>和</head>标签之间的文本是头信息。在浏览器窗口中，头信息是不被显示的。

在<title>和</title>标签之间的文本是文档标题，它被显示在浏览器窗口的标题栏。

在<body>和</body>标签之间的文本是正文，会被显示在浏览器中。

在<b>和</b>标签之间的文本会以加粗字体显示。

6.1.2　基本的 HTML 标记

标记是 HTML 的基本元素。标记分为单一标记和成对标记，如“<head>…</head>”就是成对标记。

下面将具体介绍一些基本常用的标记的使用。

1. html 标记

html 标记的基本语法格式如下：

```
<html> //表示 HTML 文档的开始
…
</html> //表示 HTML 文档的终止
```

2. head 标记（头部标记）

head 标记的基本语法格式如下：

```
<head> //表示头信息
…
</head>
```

3. title 标记（标题标记）

title 标记的基本语法格式如下：

```
<title> //文档标题，它被显示在浏览器窗口的标题栏
```

```
        标题的文本
        </title>
```

4．body 标记

body 标记的基本语法格式如下：

```
<body> //html 文件的正文，会被显示在浏览器中
…文件主体部分…
</body>
```

body 标记的属性如表 6-1 所示。

表 6-1　body 标记的属性

值	说　明
bgcolor	设置网页的背景颜色
background	设置网页的背景图像
text	设置文本的颜色
link	设置未被访问的超文本链接的颜色，默认为蓝色
vlink	设置已被访问的超文本链接的颜色，默认为蓝色
alink	设置超文本链接在被访问瞬间的颜色，默认为蓝色

例 6-1　常用标记的使用。

```
<html>
<head>
<title>个人主页</title>
</head>
<body  bgcolor=yellow   text=blue>
最具魅力的个人主页，请欣赏哟！
</body>
</html>
```

5．注释标记

注释标记的基本语法格式如下：

```
<!--注释内容-->
```

6.1.3　HTML 常用标记的使用

1．段落相关标签

（1）标题元素

标题元素由标签<h1>到<h6>定义。<h1>定义了最大的标题元素，<h6>定义了最小的标题元素。

```
<h1>This is a heading</h1>
<h2>This is a heading</h2>
<h3>This is a heading</h3>
<h4>This is a heading</h4>
<h5>This is a heading</h5>
<h6>This is a heading</h6>
```

运行代码，结果如图 6-2 所示。

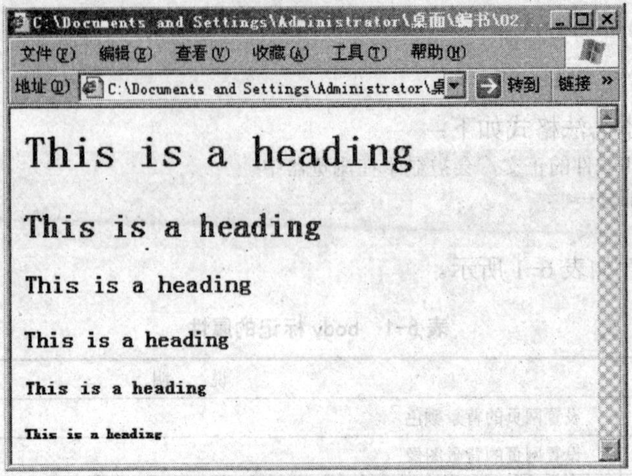

图 6-2　运行结果

注释：HTML 自动在一个标题元素前后各添加一个空行。

（2）段落

段落是用<p>标签定义的。

```
<p>This is another paragraph</p>
```

运行代码，结果如图 6-3 所示。

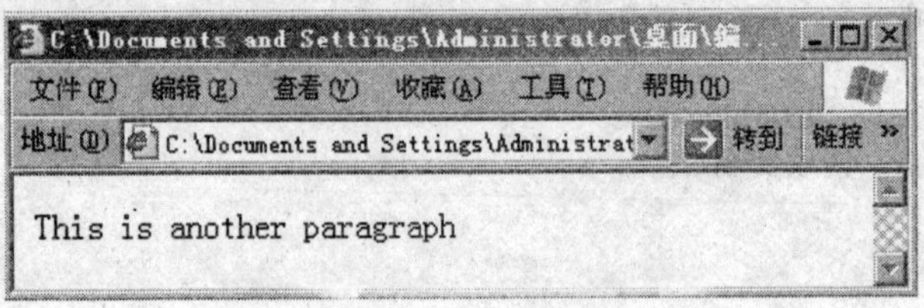

图 6-3　运行结果

注释：HTML 自动在一个段落前后各添加一个空行。

（3）换行

当需要结束一行，并且不想开始新段落时，使用
标签。
标签不管放在什么位置，都能够强制换行。

```
<p>This <br> is a para<br>graph with line breaks</p>
```

运行代码，结果如图 6-4 所示。

图 6-4　运行结果

注释：
标签是一个空标签，它没有结束标记。

2．格式化相关标签

格式化文本：

```
<html>
<body>
  <b>This text is bold</b><br>
  <strong>
     This text is strong
  </strong><br>
  <big>
     This text is big
  </big><br>
  <em>
    This text is emphasized
  </em><br>
  <i>
    This text is italic
  </i><br>
  <small>
    This text is small
  </small><br>
  This text contains
  <sub>
    subscript
  </sub><br>
  This text contains
  <sup>
    superscript
  </sup>
</body>
</html>
```

运行代码，结果如图 6-5 所示。

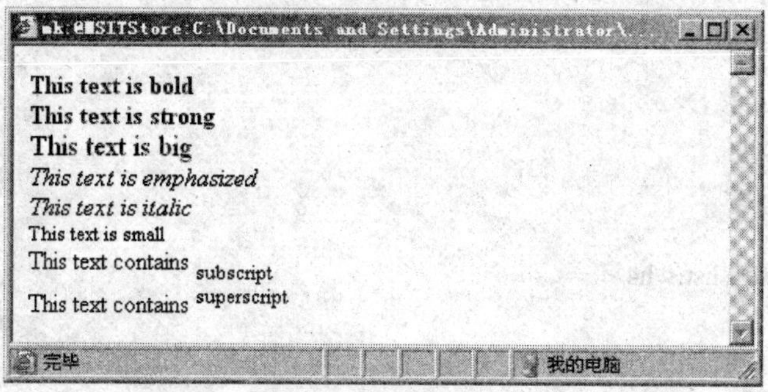

图 6-5　运行结果

3．列表相关标签

（1）无序列表

无序列表是一个项目的序列，各项目前加有标记（通常是黑色的实心小圆圈）。

无序列表以<ul>标签开始，每个列表项目以<li>开始。

```
<ul>
<li>Coffee</li>
<li>Milk</li>
</ul>
```

运行代码，结果如下：

- Coffee
- Milk

无序列表的项目中可以加入段落、换行、图像、链接、其他列表等。

（2）有序列表

有序列表也是一个项目的序列，各项目前加有数字作标记。

有序列表以<ol>标签开始，每个列表项目以<li>开始。

```
<ol>
<li>Coffee</li>
<li>Milk</li>
</ol>
```

运行代码，结果如下：

1. Coffee
2. Milk

（3）有序列表的不同类型

```
<html>
<body>
<h4>Numbered list:</h4>
<ol>
      <li>Apples</li>
      <li>Bananas</li>
      <li>Lemons</li>
      <li>Oranges</li>
</ol>
<h4>Letters list:</h4>
<ol type="A">
      <li>Apples</li>
      <li>Bananas</li>
      <li>Lemons</li>
      <li>Oranges</li>
</ol>
<h4>Lowercase letters list:</h4>
<ol type="a">
      <li>Apples</li>
      <li>Bananas</li>
      <li>Lemons</li>
      <li>Oranges</li>
</ol>
<h4>Roman numbers list:</h4>
<ol type="I">
      <li>Apples</li>
```

```
        <li>Bananas</li>
        <li>Lemons</li>
        <li>Oranges</li>
</ol>
<h4>Lowercase Roman numbers list:</h4>
<ol type="i">
        <li>Apples</li>
        <li>Bananas</li>
        <li>Lemons</li>
        <li>Oranges</li>
</ol>
</body>
</html>
```

运行代码，结果如图 6-6 所示。

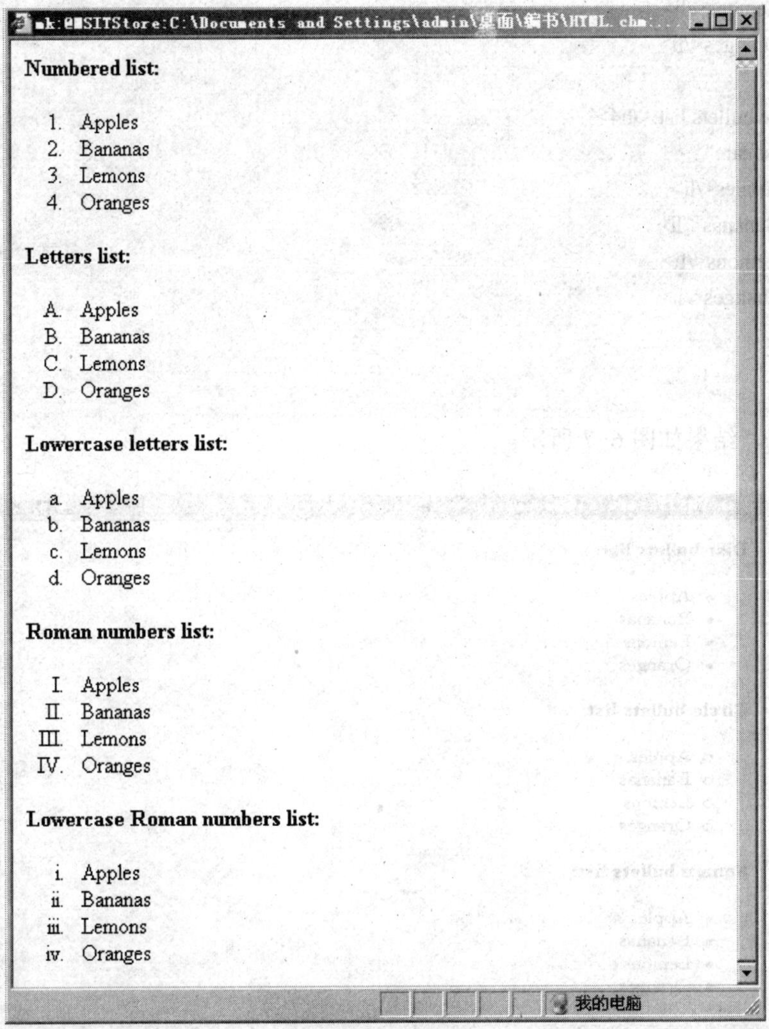

图 6-6　运行结果

（4）无序列表的不同类型

```
<html>
<body>
<h4>Disc bullets list:</h4>
<ul type="disc">
    <li>Apples</li>
    <li>Bananas</li>
    <li>Lemons</li>
    <li>Oranges</li>
</ul>
<h4>Circle bullets list:</h4>
<ul type="circle">
    <li>Apples</li>
    <li>Bananas</li>
    <li>Lemons</li>
    <li>Oranges</li>
</ul>
<h4>Square bullets list:</h4>
<ul type="square">
    <li>Apples</li>
    <li>Bananas</li>
    <li>Lemons</li>
    <li>Oranges</li>
</ul>
</body>
</html>
```

运行代码，结果如图 6-7 所示。

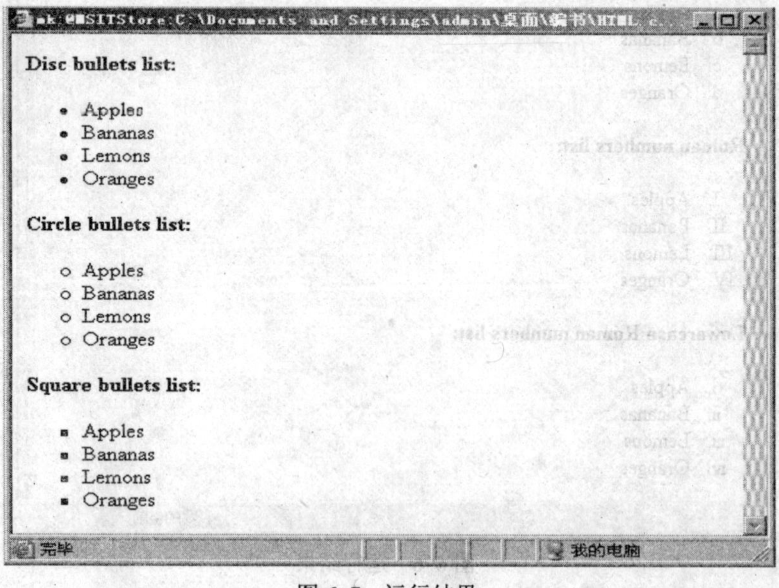

图 6-7 运行结果

4．图片相关标签

（1）img 标签和 src 属性

在 HTML 里面，图像是由<img>标签定义的。

<img>是空标签，它只拥有属性，而没有结束标签。

想要在页面上显示一个图像，需要使用 src 属性。“src”的意思是“源”，“src”属性的值是所要显示图像的 URL。

（2）插入图像的语法

```
<img src="url">
```

URL 指向图像存储的地址。网站“www.w3schools.com”子目录“images”中的图像“boat.gif”的 URL 为“http://www.w3schools.com/images/boat.gif”。

当浏览器在文档中遇到 img 标签时，就放置一个图像。如果把 img 标签放在两个段落之间，就会先显示一个段落，然后显示这个图像，最后显示另外一个段落。

（3）alt 属性

alt 属性用来给图像显示一个“交互文本”。alt 属性的值是由用户定义的。

```
<img src="boat.gif"   alt="Big Boat">
```

“alt”属性在浏览器加载图像失败的时候告诉用户所丢失的信息，此时，浏览器显示这个“交互文本”来代替图像。给页面上的图像都加上 alt 属性是一个好习惯，它有助于更好地显示信息，且对纯文本浏览器很有用。

下面将举几个例子来说明图片标签的用法。

① 调整图像大小：

```
<html>
<body>
  <p>
  <img src="./images/hackanm.gif" width="20" height="20">
  </p>
  <p>
  <img src="./images/hackanm.gif" width="45" height="45">
  </p>
  <p>
  <img src="./images/hackanm.gif" width="70" height="70">
  </p>
  <p>
  You can make a picture larger or smaller changing the values in the "height" and "width" attributes of the
img tag.
  </p>
</body>
</html>
```

运行代码，结果如图 6-8 所示。

② 添加背景图像：

```
<html>
<body background="./images/background.jpg">
```

```
    <h3>Look: A background image!</h3>
    <p>Both gif and jpg files can be used as HTML backgrounds.</p>
    <p>If the image is smaller than the page, the image will repeat itself.</p>
</body>
</html>
```

运行代码，结果如图6-6 所示。

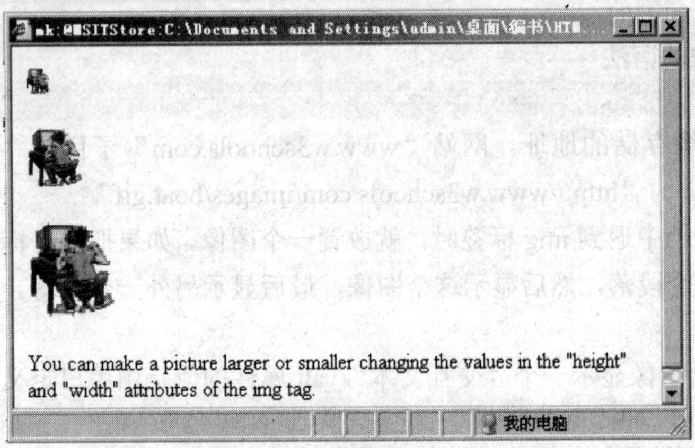

图 6-8　运行结果（1）

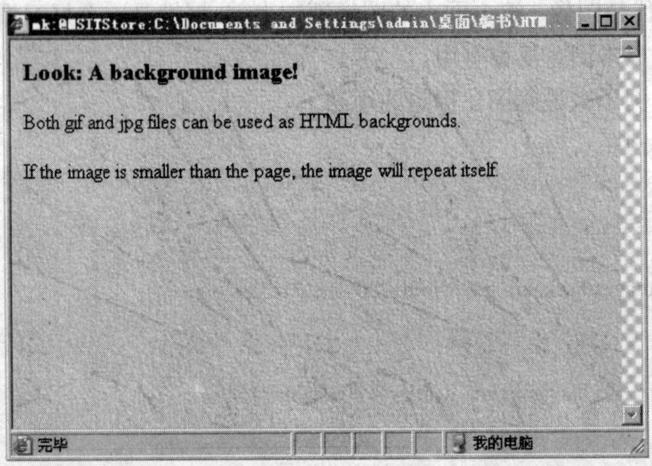

图 6-9　运行结果（2）

③ 添加图像链接：

```
<html>
<body>
   <p>
   You can also use an image as a link:
   <a href="back.htm">
   <img border="0" src="./images/next.gif">
   </a>
   </p>
</body>
</html>
```

运行代码，结果如图 6-10 所示。

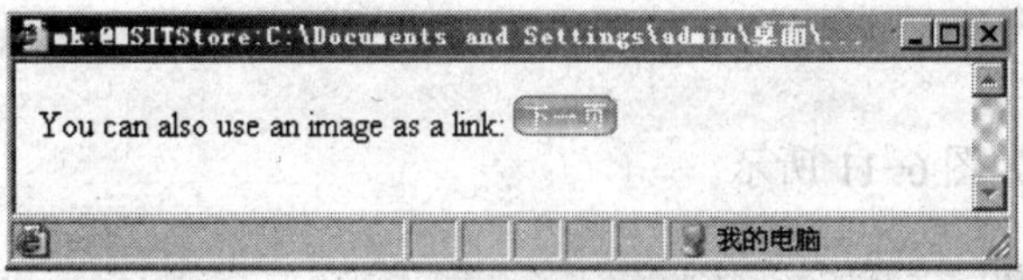

图 6-10　运行结果

5. 超级链接相关标签

（1）锚标签和 href 属性

HTML 使用锚标签（<a>）来创建一个连接到其他文件的链接。锚可以指向网络上的任何资源，如 HTML 页面、图像、声音、影片等。

创建一个锚的语法：

```
<a href="url">Text to be displayed</a>
```

标签<a>被用来创建一个链接指向的锚，href 属性用来指定连接到的地址，在锚的起始标签<a>和结束标签</a>中间的部分将被显示为超级链接。

这个锚定义了一个到 W3Schools 的链接：

```
<a href="http://www.w3schools.com/">Visit W3Schools!</a>
```

上面这段代码在浏览器中显示的效果如下：

```
Visit W3Schools!
```

（2）target 属性

使用 target 属性，可以定义从什么地方打开链接地址。

下面这段代码打开一个新的浏览器窗口来打开链接：

```
<a href="http://www.w3schools.com/"target="_blank">Visit W3Schools!</a>
```

（3）锚标签和 name 属性

name 属性用来创建一个命名的锚。使用命名锚以后，可以让链接直接跳转到一个页面的某一章节，而不用用户打开那一页再从上到下慢慢找。

下面是命名锚的语法：

```
<a name="label">Text to be displayed</a>
```

可以为锚随意指定名字，下面这行代码定义了一个命名锚：

```
<a name="tips">Useful Tips Section</a>
```

想要直接链接到“tips”章节，在 URL 地址的后面加一个“#”和这个锚的名字，具体如下：

```
<a name="http://www.w3schools.com/html_links. asp#tips">Jump to the Useful Tips Section</a>
```

一个链接到本页面中某章节的命名锚是这样写的：

```
<a name="#tips"> Jump to the Useful Tips Section </a>
```

下面举例说明超级链接标签的用法。

① 在新浏览器窗口中打开链接：

```
<html>
  <body>
  <a href="lastpage.htm" target="_blank">Last Page</a>
  <p>
  If you set the target attribute of a link to "_blank",
  the link will open in a new window.
  </p>
```

```
    </body>
</html>
```

运行代码，结果如图 6-11 所示。

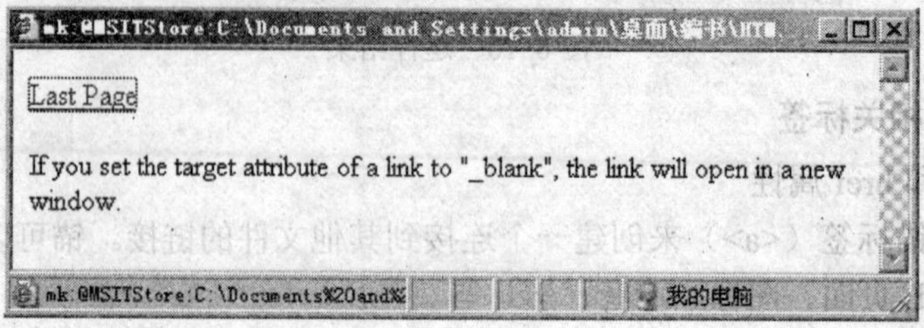

图 6-11 运行结果

单击超级链接，打开一个新窗口，如图 6-12 所示。

图 6-12 超级链接新窗口

② 链接到本页面的某个位置：

```
<html>
<body>
    <p>
    <a href="#C4">
    See also Chapter 4.
    </a>
    </p>
    <p>
    <h2>Chapter 1</h2>
    <p>This chapter explains ba bla bla</p>
    <h2>Chapter 2</h2>
    <p>This chapter explains ba bla bla</p>
    <h2>Chapter 3</h2>
    <p>This chapter explains ba bla bla</p>
    <a name="C4"><h2>Chapter 4</h2></a>
    <p>This chapter explains ba bla bla</p>
</body>
</html>
```

运行代码，结果如图 6-13 所示。

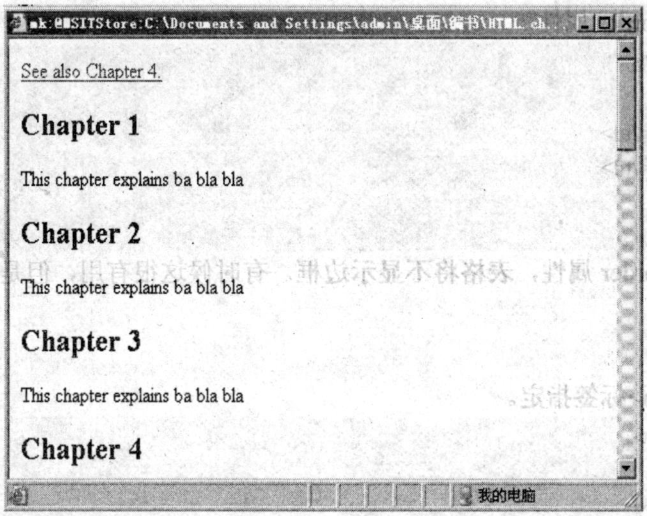

图 6-13　运行结果

单击超级链接，显示窗口如图 6-14 所示。

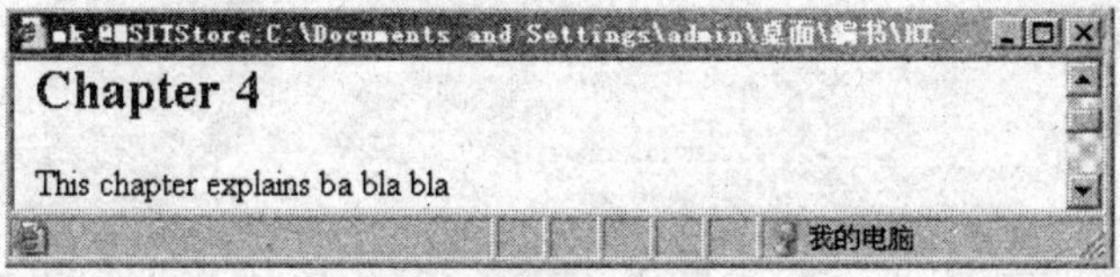

图 6-14　超级链接窗口

6. 表格（table）标记

（1）表格

表格是用<table>标签定义的。表格被划分为行（使用<tr>标签），每行又被划分为数据单元格（使用<td>标签）。td 表示“表格数据”（Table Data），即数据单元格的内容。数据单元格可以包含文本、图像、列表、段落、表单、水平线、表格等。

以下文本定义了一个表格：

```
<table border="1">
<tr>
<td>row 1,cell 1</td>
<td>row 1,cell 2</td>
</tr>
<tr>
<td>row 2,cell 1</td>
<td>row 2,cell 1</td>
</tr>
</table>
```

浏览器中的显示结果如图 6-15 所示。

row 1, cell 1	row 1, cell 2
row 2, cell 1	row 2, cell 2

图 6-15　显示图例

（2）表格和 border 属性

```
<table border="1">
<tr>
<td>Row 1,cell 1</td>
<td>Row 1,cell 2</td>
</tr>
</table>
```

如果不指定 border 属性，表格将不显示边框。有时候这很有用，但是多数时候需要显示边框。

（3）表格头

表格头使用<th>标签指定。

```
<table border="1">
<tr>
<th>Heading</th>
<th>Another Heading</th>
</tr>
<tr>
<td>row1, cell 1</td>
<td>row1, cell 2</td>
</tr>
<tr>
<td>row2, cell 1</td>
<td>row2, cell 2</td>
</tr>
</table>
```

浏览器中的显示结果如图 6-16 所示。

Heading	Another Heading
row 1, cell 1	row 1, cell 2
row 2, cell 1	row 2, cell 2

图 6-16　显示图例

（4）表格中的空单元格

在多数浏览器中，没有内容的单元格显示得不完整。

```
<table border="1">
<tr>
<td>row1, cell 1</td>
<td>row1, cell 2</td>
</tr>
<tr>
<td>row2, cell 1</td>
<td></td>
</tr>
</table>
```

浏览器中的显示结果如图 6-17 所示。

row 1, cell 1	row 1, cell 2
row 2, cell 1	

图 6-17 显示图例

注意：空单元格的边框没有显示出来。**为了避免这种情况**，可以在空单元格里加入不可分空格来占位，这样边框就能正常显示。

```
<table border="1">
<tr>
<td>row1, cell 1</td>
<td>row1, cell 2</td>
</tr>
<tr>
<td>row2, cell 1</td>
<td> : </td>
</tr>
</table>
```

浏览器中的显示结果如图 6-18 所示。

row 1, cell 1	row 1, cell 2
row 2, cell 1	

图 6-18 显示图例

下面再举例说明表格标记的用法。

① 没有边框的表格：

```
<html>
<body>
<h4>This table has no borders:</h4>
<table>
<tr>
    <td>100</td>
    <td>200</td>
    <td>300</td>
</tr>
<tr>
    <td>400</td>
    <td>500</td>
    <td>600</td>
</tr>
</table>
<h4>And this table has no borders:</h4>
<table border="0">
<tr>
    <td>100</td>
    <td>200</td>
    <td>300</td>
```

```
</tr>
<tr>
    <td>400</td>
    <td>500</td>
    <td>600</td>
</tr>
</table>
</body>
</html>
```

运行代码，结果如图 6-19 所示。

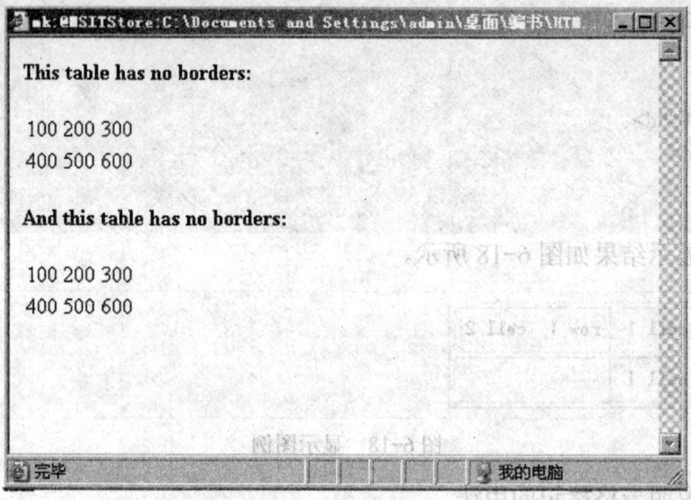

图 6-19　运行结果

② 表格头：

```
<html>
<body>
<h4>Table headers:</h4>
<table border="1">
<tr>
    <th>Name</th>
    <th>Telephone</th>
    <th>Telephone</th>
</tr>
<tr>
    <td>Bill Gates</td>
    <td>555 77 854</td>
    <td>555 77 855</td>
</tr>
</table>
<h4>Vertical headers:</h4>
<table border="1">
<tr>
    <th>First Name:</th>
```

```
        <td>Bill Gates</td>
</tr>
<tr>
        <th>Telephone:</th>
        <td>555 77 854</td>
</tr>
<tr>
        <th>Telephone:</th>
        <td>555 77 855</td>
</tr>
</table>
</body>
</html>
```

运行代码，结果如图 6-20 所示。

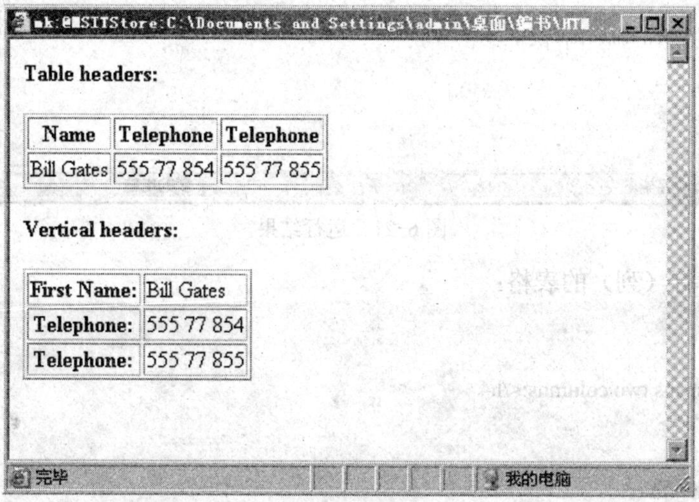

图 6-20　运行结果

③ 有标题的表格：

```
<html>
<body>
<h4>
This table has a caption,and a thick border:
</h4>
<table border="6">
<caption>My Caption</caption>
<tr>
        <td>100</td>
        <td>200</td>
        <td>300</td>
</tr>
<tr>
        <td>400</td>
        <td>500</td>
```

```
        <td>600</td>
</tr>
</table>
</body>
</html>
```

运行代码，结果如图 6-21 所示。

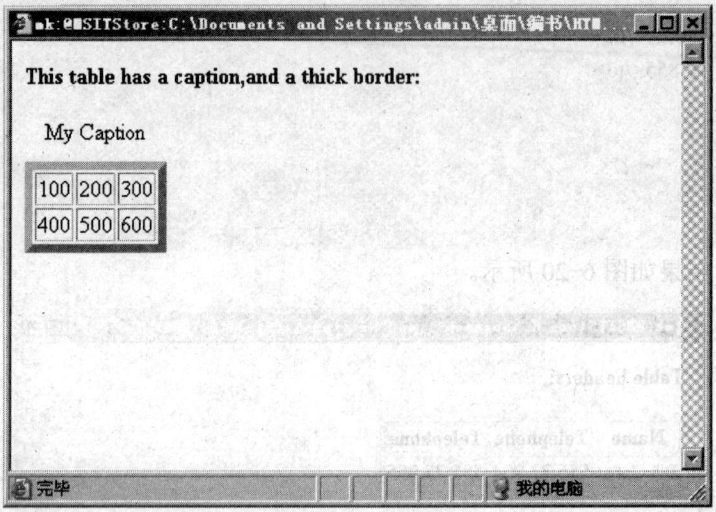

图 6-21　运行结果

④ 单元格跨行（列）的表格：

```
<html>
<body>
<h4>Cell that spans two columns:</h4>
<table border="1">
<tr>
        <th>Name</th>
        <th colspan="2">Telephone</th>
</tr>
<tr>
        <td>Bill Gates</td>
        <td>555 77 854</td>
        <td>555 77 855</td>
</tr>
</table>
<h4>Cell that spans two rows:</h4>
<table border="1">
<tr>
        <th>First Name:</th>
        <td>Bill Gates</td>
</tr>
<tr>
        <th rowspan="2">Telephone:</th>
        <td>555 77 854</td>
```

```
</tr>
<tr>
    <td>555 77 855</td>
</tr>
</table>
</body>
</html>
```

运行代码，结果如图 6-22 所示。

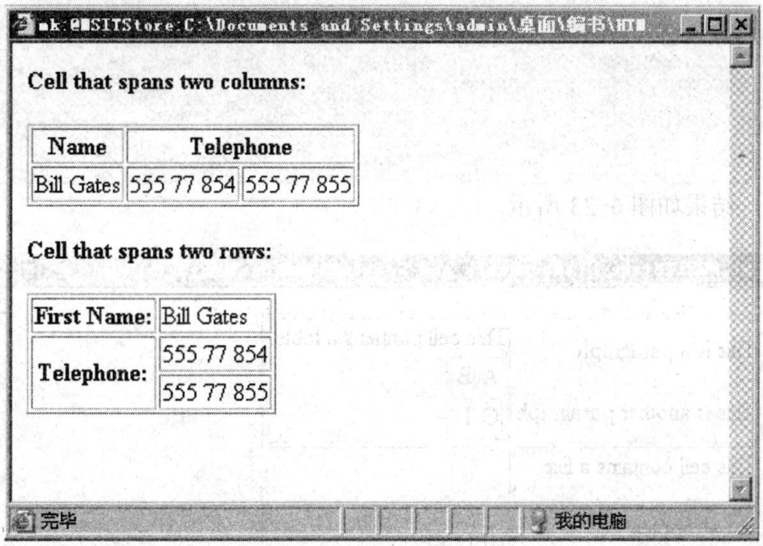

图 6-22　运行结果

⑤ 表格内的其他标签：

```
<html>
<body>
<table border="1">
<tr>
    <td>
    <p>This is a paragraph</p>
    <p>This is another paragraph</p>
    </td>
    <td>This cell contains a table:
    <table border="1">
    <tr>
        <td>A</td>
        <td>B</td>
    </tr>
    <tr>
        <td>C</td>
        <td>D</td>
    </tr>
    </table>
    </td>
```

```
</tr>
<tr>
        <td>This cell contains a list
        <ul>
        <li>apples</li>
        <li>bananas</li>
        <li>pineapples</li>
        </ul>
        </td>
        <td>HELLO</td>
</tr>
</table>
</body>
</html>
```

运行代码，结果如图 6-23 所示。

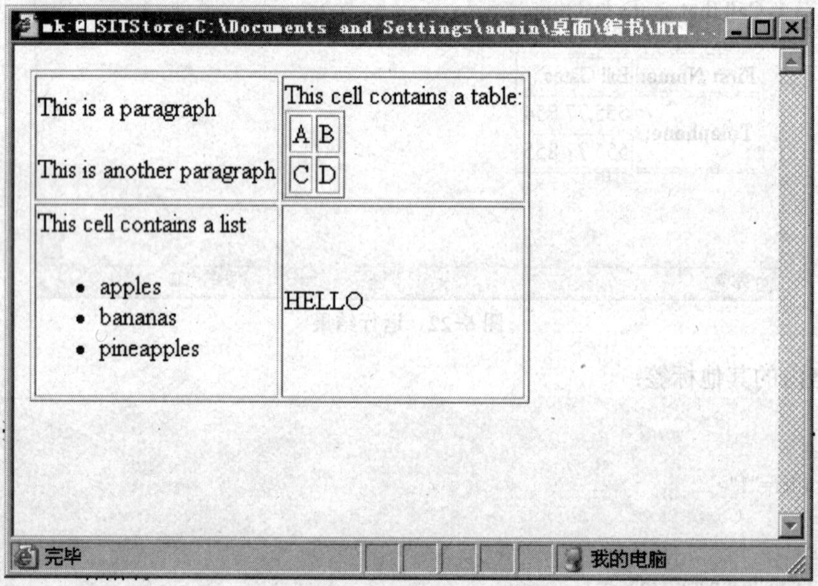

图 6-23 运行结果

⑥ 给表格增加背景色或者背景图像：

a．给表格增加背景

```
<html>
<body>
<h4>A background color:</h4>
<table border="1" bgcolor="red">
<tr>
        <td>First</td>
        <td>Row</td>
</tr>
<tr>
        <td>Second</td>
        <td>Row</td>
```

```
</tr>
</table>
<h4>A background image:</h4>
<table border="1" background="/images/bgdesert.jpg">
<tr>
      <td>First</td>
      <td>Row</td>
</tr>
<tr>
      <td>Second</td>
      <td>Row</td>
</tr>
</table>
</body>
</html>
```

运行代码，结果如图 6-24 所示。

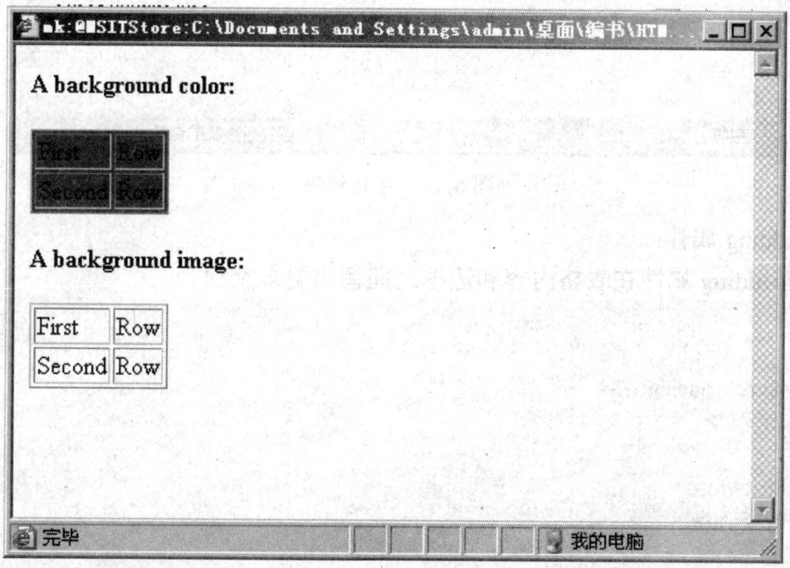

图 6-24　运行结果

b．给一个或多个单元格增加背景

```
<html>
<body>
<h4>Cell backgrounds:</h4>
<table border="1">
<tr>
      <td bgcolor="red">First</td>
<td>Row</td>
</tr>
<tr>
      <td background="/images/bgdesert.jpg">Second</td>
      <td>Row</td>
</tr>
```

```
</table>
</body>
</html>
```

运行代码，结果如图 6-25 所示。

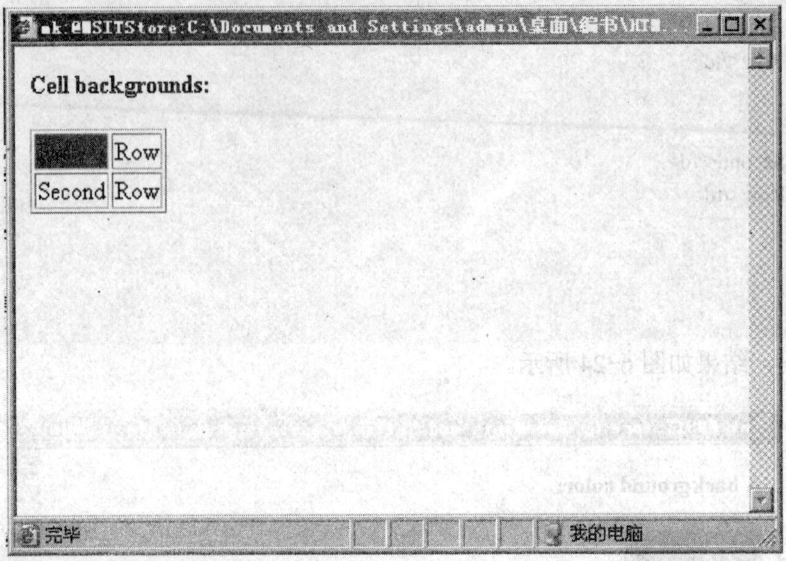

图 6-25　运行结果

⑦ cellpadding 属性：

使用 cellpadding 属性在表格内容和边框之间留出更多空白。

```
<html>
<body>
<h4>Without cellpadding:</h4>
<table border="1">
<tr>
      <td>First</td>
      <td>Row</td>
</tr>
<tr>
      <td>Second</td>
      <td>Row</td>
</tr>
</table>
<h4>With cellpadding:</h4>
<table border="1" cellpadding="10">
<tr>
      <td>First</td>
      <td>Row</td>
</tr>
<tr>
<td>Second</td>
<td>Row</td>
```

```
</tr>
</table>
</body>
</html>
```

运行代码，结果如图 6-26 所示。

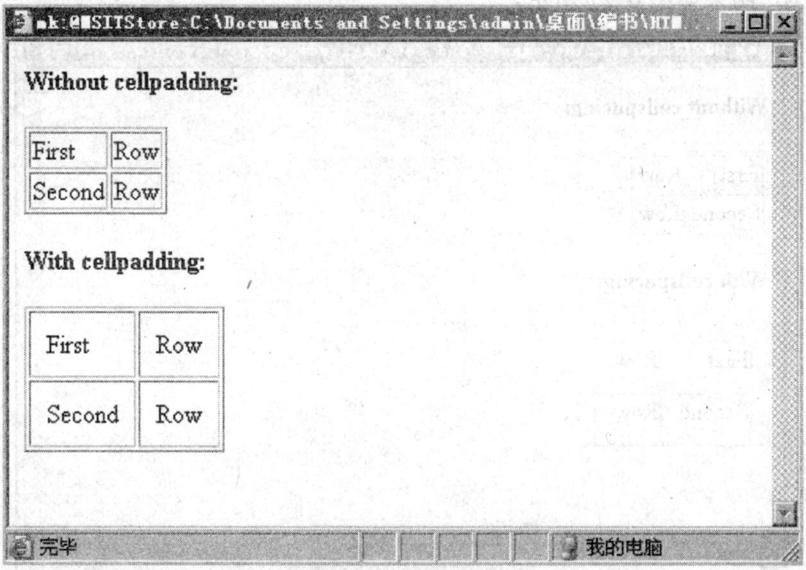

图 6-26　运行结果

⑧ cellspacing 属性：

使用 cellspacing 属性来增加单元格间距。

```
<html>
<body>
<h4>Without cellspacing:</h4>
<table border="1">
<tr>
      <td>First</td>
      <td>Row</td>
</tr>
<tr>
      <td>Second</td>
      <td>Row</td>
</tr>
</table>
<h4>With cellspacing:</h4>
<table border="1" cellspacing="10">
<tr>
      <td>First</td>
      <td>Row</td>
</tr>
<tr>
      <td>Second</td>
```

```
    <td>Row</td>
</tr>
</table>
</body>
</html>
```

运行代码，结果如图 6-27 所示。

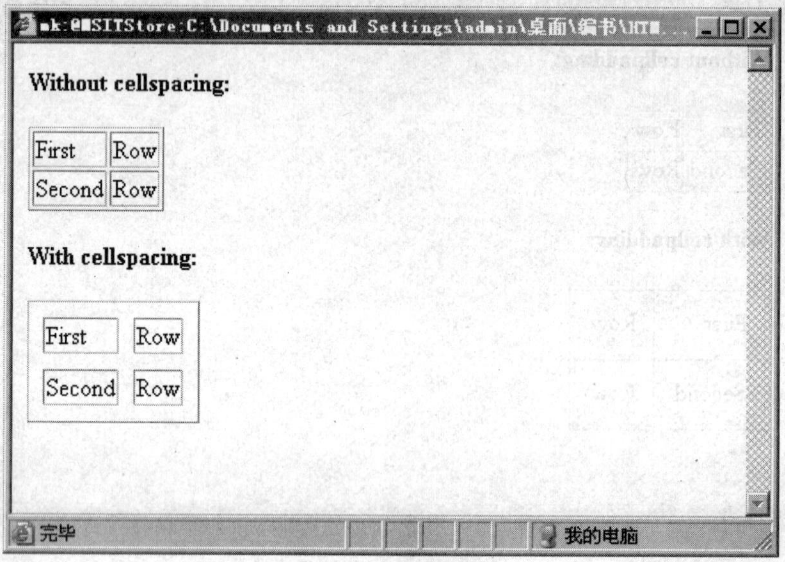

图 6-27 运行结果

⑨ 给单元格内容设置对齐方式：

```
<html>
<body>
<table width="400" border="1">
<tr>
    <th align="left">Money spent on....</th>
    <th align="right">January</th>
    <th align="right">February</th>
</tr>
<tr>
    <td align="left">Clothes</td>
    <td align="right">$241.10</td>
    <td align="right">$50.20</td>
</tr>
<tr>
    <td align="left">Make-Up</td>
    <td align="right">$30.00</td>
    <td align="right">$44.45</td>
</tr>
<tr>
    <td align="left">Food</td>
    <td align="right">$730.40</td>
    <td align="right">$650.00</td>
</tr>
```

```
<tr>
    <th align="left">Sum</th>
    <th align="right">$1001.50</th>
    <th align="right">$744.65</th>
</tr>
</table>
</body>
</html>
```

执行代码，结果如图 6-28 所示。

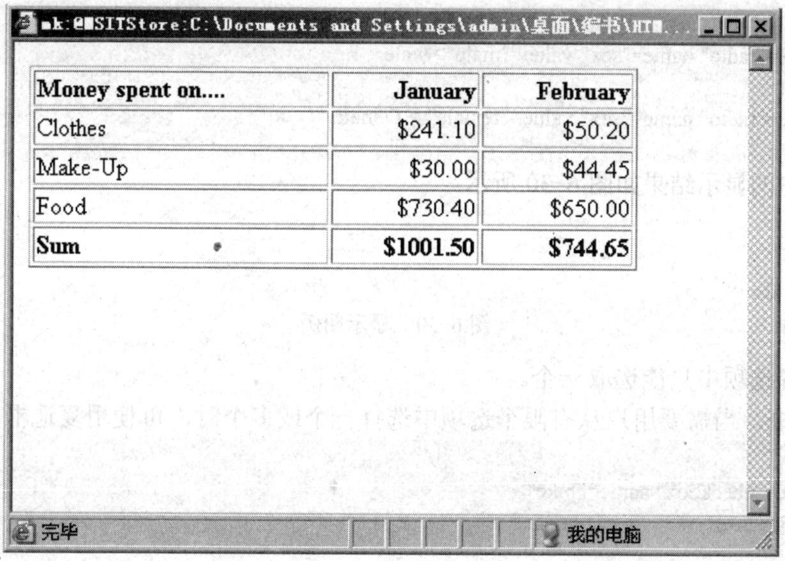

图 6-28　运行结果

7. 表单（form）标记

（1）HTML 表单

表单是一个能够包含表单元素的区域。表单元素是能够让用户在表单中输入信息的元素，如文本框、密码框、下拉菜单、单选框、复选框等。

表单是用<form>元素定义的：

```
<form>
<input>
<input>
</form>
```

最常用的表单标签是<input>标签。input 的类型用 type 属性指定。最常用的 input 类型如下。

① 文本框。在表单中，文本框供用户输入字母、数字等。

```
<form>
First name:
<input type="text" name= "firstname" >
<br>
Last name:
<input type="text" name="lastname">
</form>
```

浏览器中的显示结果如图 6-29 所示。

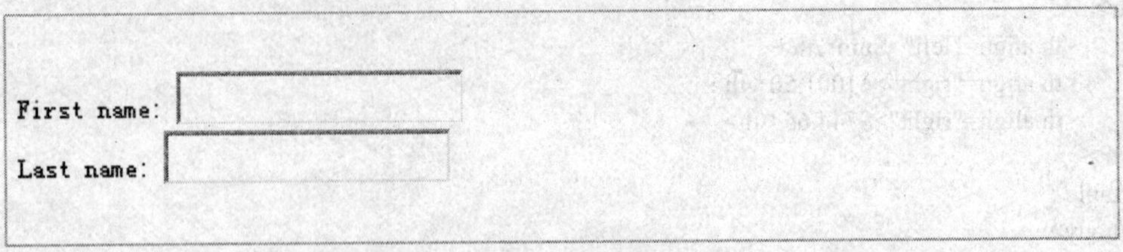

图 6-29　显示图例

② 单选按钮。当需要用户从有限个选项中选择一个时，可使用单选按钮。

```
<form>
<input type="radio" name="sex" value="male">Male
<br>
<input type="radio" name="sex" value="female" > Female
</form>
```

浏览器中的显示结果如图 6-30 所示。

图 6-30　显示图例

注意，各选项中只能选取一个。

③ 复选框。当需要用户从有限个选项中选择一个或多个时，可使用复选框。

```
<form>
<input type="checkbox" name="bike">
I have a bike
<br>
<input type="checkbox" name="car" >
I have a car
</form>
```

浏览器中的显示结果如图 6-31 所示。

图 6-31　显示图例

（2）表单的 action 属性和“提交”按钮

当用户单击“提交”按钮时，表单的内容会被提交到其他文件。表单的 action 属性定义了所要提交到的目的文件，该目的文件收到信息后通常进行相关的处理。

```
<form name = "input " action="html_form_action.asp"method="get">
Username
<input type="text"name="user" >
<input type="submit" value="Submit" >
</form>
```

浏览器中的显示结果如图 6-32 所示。

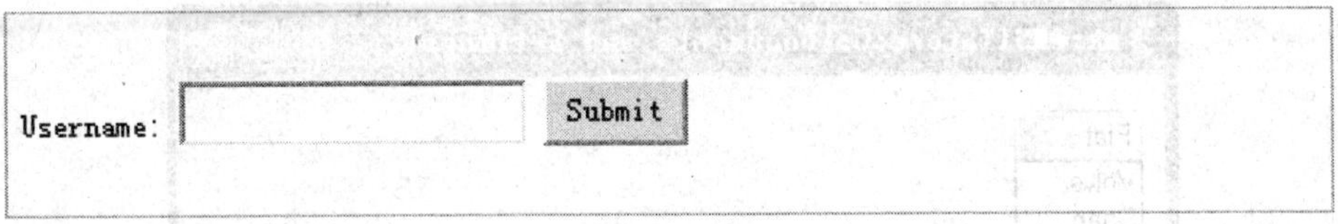

图 6-32　显示图例

如果在上面这个文本框中输入一些字符，单击“提交”按钮以后，输入的字符将被提交到页面“action.asp”。

下面再举例说明表单标记的用法。

① 简单的下拉列表：

在 HTML 页面中创建下拉列表，下拉列表是可以选择的列表。

```
<html>
 <body>
   <form>
       <select name="cars">
           <option value="volvo">Volvo
           <option value="saab">Saab
           <option value="fiat">Fiat
           <option value="audi">Audi
       </select>
   </form>
 </body>
</html>
```

运行代码，结果如图 6-33 所示。

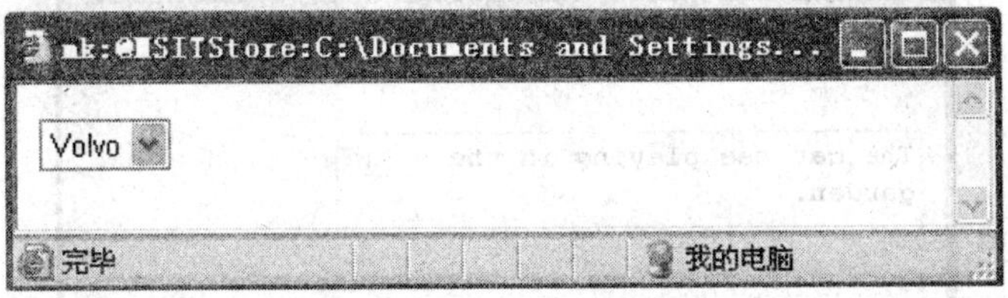

图 6-33　运行结果

② 预选的下拉列表：

创建一个含有预先选定元素的下拉列表。

```
<html>
    <body>
        <form>
            <select name="cars">
                <option value="volvo">Volvo
                <option value="saab">Saab
                <option value="fiat" selected>Fiat
                <option value="audi">Audi
            </select>
        </form>
    </body>
</html>
```

运行代码，结果如图 6-34 所示。

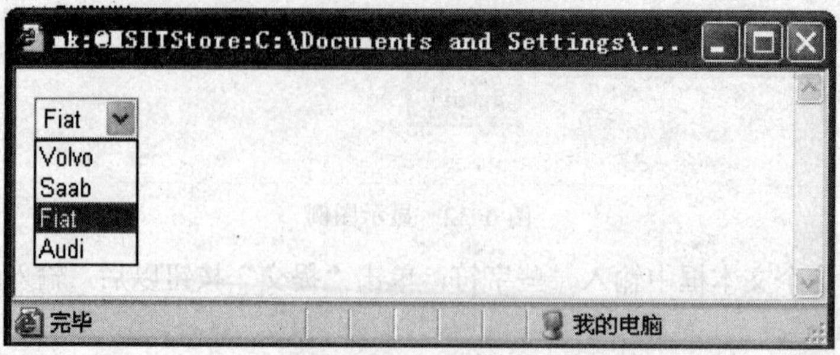

图 6-34　运行结果

③ 文本域：

创建文本域（多行文本），用户可以在其中输入文本。在文本域中，字符个数不受限制。

```
<html>
    <body>
        <p>
        This example demonstrates a text-area.
        </p>
        <textarea rows="10" cols="30">
        The cat was playing in the garden.
        </textarea>
    </body>
</html>
```

运行代码，结果如图 6-35 所示。

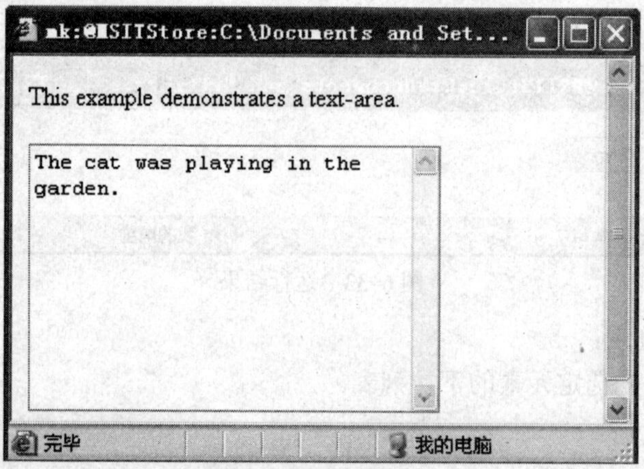

图 6-35　运行结果

④ 创建按钮：

```
<html>
    <body>
        <form>
            <input type="button" value="Hello world!">
        </form>
    </body>
</html>
```

运行代码，结果如图 6-36 所示。

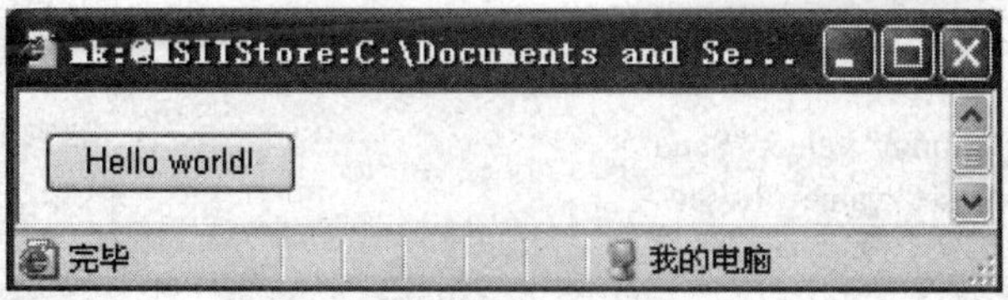

图 6-36 运行结果

⑤ 数据周围的标题边框：

```
<html>
    <body>
        <fieldset>
            <legend>
            Health information:
            </legend>
            <form>
            Height<input type="text" size="3">
            Weight<input type="text" size="3">
            </form>
        </fieldset>
        <p>
        If there is no border around the input form, your browser is too old.
        </p>
    </body>
</html>
```

运行代码，结果如图 6-37 所示。

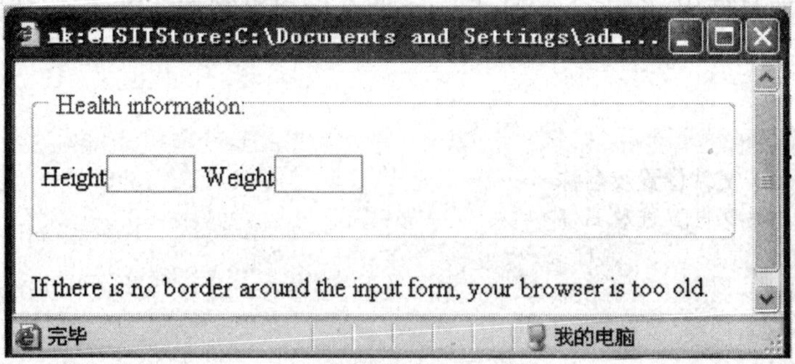

图 6-37 运行结果

⑥ 从表单发送电子邮件：

```
<html>
<body>
    <form action="MAILTO:someone@w3schools.com"    method="post"
    enctype="text/plain">
        <h3>This form sends an e-mail to W3Schools.</h3>
        Name:<br>
        <input type="text" name="name" value="yourname" size="20">
        <br>
        Mail:<br>
        <input type="text" name="mail" value="yourmail" size="20">
        <br>
        Comment:<br>
```

```
        <input type="text" name="comment" value="yourcomment" size="40">
        <br><br>
        <input type="submit" value="Send">
        <input type="reset" value="Reset">
    </form>
</body>
</html>
```

运行代码，结果如图 6-38 所示。

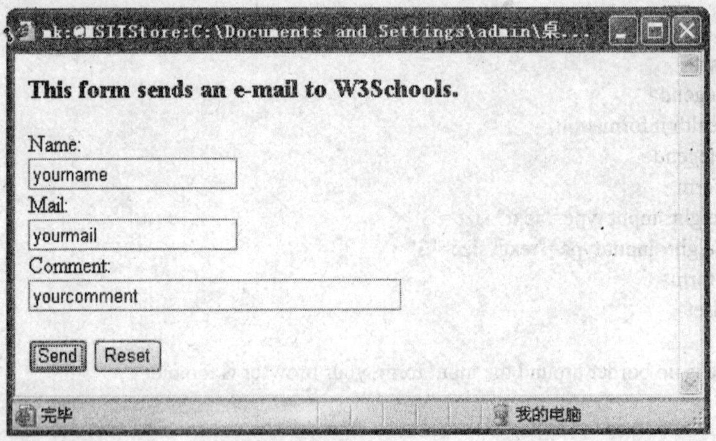

图6-38　运行结果

8. 框架

框架设定主要是使用<frameset>和<frame>两个标记来制作，以达到分割窗口的目的。

（1）框架标记

语法：

```
    <frameset>
    <frame   src=文件位置及名称>
    <frame   src=文件位置及名称>
    …
    </frameset>
```

① 框架组标记。

```
    语法：
    < frameset rows=x1 cols=x2 border=n bordercolor=mycolor frameborder=yes | no framespacing=m >
    …
    </frameset>
```

② 框架标记。

```
    语法：
    <frame src="文件位置和名称" name="框架名" border=n bordercolor=mycolor frameborder= yes
| no marginwidth=x1 marginheight=x2 scrolling= yes | no | auto noresize >
<html>
<head>
<title>水平分割</title>
</head>
<!用像素数定义上下分割三次 >
<frameset rows=2,4,1>
    <frame name="top" src=../chap2/ch2-25.htm>
```

```
<frame name="middle" src=../chap2/ch2-27.htm scrolling="auto">
<frame name="tottom" src=../pic/065.gif>
</frameset>
</html>
```

（2）框架属性

窗口边缘宽度用<frameset>标记的 border 属性设置，窗口边线的设定用 frameborder 属性来实现。

例 6-2 窗口边缘宽度及颜色的设定。

```
<html>
<head>
<title>窗口边缘宽度及颜色的设定</title>
</head>
n<frameset border=30 bordercolor=yellow rows="1,1"> n <frame name="top" src="../chap2/ch2-27.htm"> <frame name="bottom" src="../chap2/ch2-26.htm">
</frameset>
</html>
```

（3）框架间的链接

```
语法：
<a href="目标文件位置及名称.html " target= "框架名" >链接文件</a>
```

说明：框架名有四个特殊的值，可实现四类特殊的操作。

例 6-3 左右框架间的链接。

```
<html>
<head>
<title>框架链接的变化</title>
</head>
<frameset cols="182,*">
    <frame name="contents" src=../chap2/ch2-35-1.htm>
    <frame name="main" src=../chap2/ch2-24.htm>
</frameset>
</html>
其中 ch2-35-1.htm 文件内容为：
<html>
<head>
<title>简单的超级链接</title>
<base target="main">
</head>
<body>

    <p><a href="../pic/cat22.gif" target="main">图片显示在右框架窗口中</a>
    <p><a href="../pic/cat19.gif" target="_self">文件显示在（_self）当前框架中</a>
    <p><a href="../pic/cat19.gif" target="_top">图片显示在（_top）整个浏览器窗口</a>
    <p><a href="../pic/cat18.gif" target="_parent">图片显示在（_parent）父框架中</a>
    <p><a href="../pic/cat22.gif" target="_blank">图片显示在（_blank）新的页面窗口中</a>
</body>
</html>
```

6.2 网页制作工具

在大多数情况下，在创建站点时并不需要开发人员使用 HTML 标记进行设计，因为在网页制作工具软件中，通过“所见即所得”的技术，对 HTML 进行处理，开发人员只要简单地进行界面操作，就能完成网页制作。以下为常用的网页及素材制作工具软件。

① Flash：用于设计网络动画，使原本单调的网页变得生动鲜活，它已经慢慢成为网页动画制作的标准，成为一种新兴的技术发展方向。

② Fireworks：提供专业网络图形设计和制作方案，支持位图和矢量图。通过它，可以编辑网络图形和动画。同时它能实现网页的无缝连接，与其他图形程序、各 HTML 编辑工具也能密切配合，为用户一体化的网络设计方案提供支持。

③ Dreamweaver：是一个所见即所得的主页编辑工具，它具有强大的功能和简洁的界面，几乎所有简单对象的属性都可以在属性面板上进行修改。

④ Adobe Photoshop：是数字图像处理软件中最优秀的软件之一，它可以任意设计、处理、润饰各种图像，是网页美术设计理想的数字图像处理软件。

6.2.1 Flash 简介

1. Flash 概述

Flash 是 Macromedia 公司的一个动画制作工具。用 Flash 制作出来的动画是矢量的，不管怎样放大、缩小，它依旧清晰可见。用 Flash 制作的文档很小，便于在 Internet 上传输，而且它采用了流技术，只要下载一部分，就能欣赏动画，能够一边播放一边传送数据。交互性更是 Flash 动画的迷人之处，可以通过单击按钮、选择菜单来控制动画的播放。正是有了这些优点，才使 Flash 日益成为网络多媒体的主流。

2. Flash 工作环境

图 6-39 是 Flash 的基本工作环境。

① 标题栏：当前程序自动给出了一个文件名称为[无标题-1]，在保存文件时要改为一个有意义的文件名称。

图 6-39 Flash 的基本工作环境

② 标准工具栏（Standard Toolbar）：列出了大部分最常用的文件操作，如打印、剪贴板、撤销和重做、修改器以及控制舞台放大比例的图标和选项等，便于进行更为快捷的操作。

③ 图层面板：其中有一个黑色的“图层 1”，其上有三个按钮，图层面板用来控制图层的添加、删除、选中等操作。

④ 时间轴窗口（Timeline）：它可以调整电影剧的播放速度，并把不同的图形作品放在不同图层的相应帧里，以安排电影内容播放的顺序。

⑤ 绘图工具栏（Drawing Toolbar）：其中放置了可供图形和文本编辑的各种工具，用这些工具可以绘图、选取、喷涂、修改以及编排文字，还有些工具可以改变查看工作区的方式。在选择了某一工具时，它所对应的修改器（Modifier）也会在工具条下面的位置出现，修改器的作用是改变相应工具对图形处理的效果。

⑥ 舞台（Stage）：就是工作区，是最主要的可编辑区域。在这里可以直接绘图或者导入外部图形文件进行安排编辑，再把各个独立的帧合成在一起，生成电影作品。

3. Flash 的特点

（1）可进行矢量图形处理

计算机显示的图片要么是矢量图像，要么是点阵图像。一般照片、特效字等颜色复杂的图形是用点阵图来存储的，而卡通画、工程样图等仅由线条和色块组成的图形则是用矢量图来表示的。对于用点阵图来存储的图形，为了减小其文件大小，常采用各种方法来压缩它们，这其中有不损失图形信息的无损压缩和丢掉一些不重要信息的有损压缩。矢量图形是用一些数学公式来描述图形中的点或曲线，它不仅可以存储平面图形，还可以存储三维立体图形。Flash 允许创建压缩的矢量图形，并使它“动”起来。Flash 还允许输入或者模拟由其他程序生成的矢量或点阵图形。

（2）采用流播放技术

音视频文件一般都较大，所以需要的存储容量也较大；同时限于网络带宽的限制，下载常常要花数分钟甚至数小时。在网络上传输音视频等多媒体信息，目前主要有下载和流式传输两种方案。Flash 采用的流播放技术使得动画可以边播放边下载，从而缓解了网页浏览者等待时的焦急心情。流式传输时，声音、影像或动画等多媒体的音视频服务器向用户计算机连续、实时地传送，用户不必等到整个文件全部下载完毕，而只需几秒或数十秒的启动延时即可进行观看。当声音等多媒体在客户机上播放时，文件的剩余部分将在后台从服务器内继续下载。流式传输不仅使启动延时成十倍、百倍地缩短，而且不需要太大的缓存容量。

（3）文件占用的存储空间小

Flash 通过使用关键帧和图符使得所生成的动画（.swf）文件非常小，几 KB 的动画文件已经可以实现许多生动的动画效果。

所谓图符（Symbol），就是使用绘图工具创建的可重复使用的图形。当把一个图符放到工作区或另一个图符中时，就创建了一个该图符的实例（Instance），也就是说实例是图符的实际应用。图符的运用可以缩小文档的尺寸，这是因为不管创建了多少个实例，Flash 在文档中只保存一份副本。同样，运用图符可以加快动画播放的速度，用于网页中更是如此，因为对于同一图符的多个实例，浏览器只须下载一次。

使用图符时还要注意，修改实例的属性不会影响到图符，但编辑图符将会修改所有与其相关的实例，因为图符和实例之间的联系是单向的。

图符存放在图库窗口中。在 Flash 中，图符分为三类。

① 图形类（Graphics）：该图符用▣标志，用于静态的图形和创建受主影像时间轴控制的可重复使用的动画片断。交互式的控制和音效不能作用于图形符号的序列动画中。

② 按钮类（Button）：标志为▣，用于创建在影像中对标准的鼠标事件（如单击、滑过或移离等）作出响应的交互式按钮。首先定义不同的按钮状态相关联的图形，然后给按钮符号指定 Actions。

③ 电影片断类（Movie Clip）：用▣来标志，用于创建可独立于主影像时间轴播放的、可重复使用的动画片断。电影片段就像主影像中的独立小电影，它可以包含交互式控制、音效，甚至可以包含其他电影片断实例。电影片断的实例也可以放在一个按钮符号的时间轴上来创建动态按钮，可以用电影片断图符实现当鼠标移至按钮上方时按钮发生持续动态变化的效果。

（4）具有强大的动画编辑功能

强大的动画编辑功能使得设计者可以随心所欲地设计出高品质的动画，如 Action 和 FS Command 可以实现交互性，使 Flash 具有更大的设计自由度，另外，它与当今最流行的网页设计工具 Dreamweaver 配合默契，可以直接嵌入网页的任一位置，非常方便。

（5）可使音乐、动画和声效融合一体

越来越多的人把 Flash 作为网页动画设计的首选工具，并且创作出了许多令人叹为观止的动画（电影）效果。而且 Flash 可以支持 MP3 的音乐格式，这使得加入音乐的动画文件也能占用少量的空间。

Flash 提供了广泛的创造艺术作品或者从其他程序输入艺术作品的方法，可以通过使用绘图工具、染色工具来创建对象，并可以修改现存对象的属性；也可以输入由其他程序生成的矢量图像或点阵图像，然后在 Flash 中对这些输入的图像进行修正。

所谓 Flash 动画，就是改变对象的形状、大小、色彩、透明度、旋转或者其他对象属性，最易理解的就是对象在舞台上的位移。Flash 动画分为两类：逐帧动画和区间动画。逐帧动画要求为每一个帧创建一个独立的对象，而区间动画仅要求创建动画的开始帧和结束帧，并适当使 Flash 自动生成这两个帧之间的所有帧。也可以使用 Set Property 行为，在电影中创建动画。

所谓 Flash 交互电影，是指观众可以使用键盘或鼠标操作来跳转到电影的其他部分、移动对象、在表格里填写数据，或者执行其他操作。交互电影是通过使用 Action Script 设置动作来产生的。

6.2.2 Fireworks 简介

1. Fireworks 概述

Fireworks 是一种专门针对 Web 图像设计而开发的软件。它简化了图像设计流程，是一个将矢量图像处理和位图图像处理合二为一的应用程序，因此可以直接在位图图像状态和矢量图像状态之间进行切换，避免了图像在多个应用程序之间的来回迁移。利用 Fireworks，可以对矢量图像应用在位图图像上才能应用的各种技术和效果，同样，在位图图像上，也可以充分利用矢量图像的编辑优势。

Fireworks 是一个全功能的 Web 设计工具。利用 Fireworks，不仅可以生成静态图像，还可以直接生成包含 HTML 和 JavaScript 代码的动态图像，甚至可以编辑整幅网页。例如，可以在 Fireworks 中直接生成各种风格的动态按钮或轮替（Rollover）图像，或是生成图像映像热区（Hotspot）和切片（Slice）。在将图像导出到网页中时，Fireworks 会自动将相应的 HTML 和 JavaScript 代码放置到网页中的正确位置上，从而实现丰富多彩的网页动态效果，避免了用户学习 HTML 和 JavaScript 的麻烦。利用 Fireworks 所生成的图像，色彩完全符合 Web 标准，在网页中图像显示的颜色与设计时的颜色完全一致。

需要指出的是：Fireworks 是基于计算机屏幕的图像处理软件，而不是基于出版印刷的图像处理软件，因此其中可编辑的图像分辨率远远低于印刷图像所需要的分辨率。

2. Fireworks 工作环境

（1）文件窗口

Fireworks 的文件窗口上有四个标签，在文件窗口中，可以同时编辑和预览图像，且可以同时预览四种不同的优化设定所产生的效果，以便选择最理想的一种设定。

（2）工具条

工具条上包括各种选择、创建、编辑图像的工具，有的工具按钮的右下角有一个小三角，说明该工具还有几种不同的形式，按住这个工具不放就能显示其他形式。

（3）矢量模式与位图模式

Fireworks 可以进行矢量模式与位图模式的编辑，在默认状态下，Fireworks 在打开时是处于位图模式下，所绘制的图形是作为矢量对象来处理的。对它们进行编辑，即是修改构成矢量图形的路径。在 Fireworks 中可以打开或输入位图，可以对构成位图的像素进行编辑，在处于位图状态下时，画布被带斜纹的框包围着。

（4）浮动面板

Fireworks 的浮动面板包括 Layer（图层）、Frames（帧）、Color Mixs（颜色混合）、Behavior（行为）、Optimize（优化）、Object（对象）等属性。

在工作中可能会发现有些面板经常会用到，可以把工作起来最方便的面板排列方式保存起来，使用菜单命令 command→panel layout，如果下次要调出这种排列方式，只要在 command→panel layout set 的子菜单内选择即可。在工作区的右下角有一排快速启动栏，单击快速启动按钮就可以很迅速地调出相应的浮动面板。

（5）库

库（Library）里存储了可以被重复使用的元素，称为符号（Symbol），可以创建一个符号或将已经存在的对象转化为符号。符号分为图像、动画和按钮三种，要调用符号，直接将它拖到画布上即可，一个符号可以有多个例图（Instance），如果编辑了符号，那么画布上所有使用它的例图都会改变。

3. Fireworks 的特点

① 采用图像映像技术，显示效果好。图像映像是 Web 中常用的一种技术，这种技术的原理是将一幅完整的图像在逻辑上分割为不同的区域（称为热区），并将每个热区的坐标记录在网页的源代码中。通过编辑代码，可以为每个热区指派不同的链接路径，使得在浏览网页时，单击图像的不同区域，即可跳转到不同的地方。由于这种方式没有造成图像在视觉上的

割裂，因此显示的效果很好。

② 采用切片技术获得较高的下载速度。切片和图像映像类似，都是将图片分割为不同的区域，区别在于：图像映像始终作为一幅完整的图像存在，因此如果图像过大，在网页中载入图像会耗费比较多的时间；而利用切片技术，可以将一幅大图像分割为多个小的碎片，以获得较高的下载速度。利用切片进行的分割是真正的分割，它实际上已经将原先的完整图片分割成多个不同的小图片。在网页中，这些小图片被分别放置在HTML表格中的不同单元格里，从而在视觉上以一幅完整图片的形式显示。如果要用手工分割图片的方法设置切片，操作将是非常烦琐复杂的，而在Fireworks中设置切片非常轻松，因为Fireworks提供定位线和切片工具，帮助分割图像，并且会自动根据图像切片的大小，自动构建HTML表格。

③ 构建按钮和轮替图像。在Fireworks中，可以快速构建多种风格的按钮。利用Fireworks，还可以实现按钮外观的动态改变，轮替图像按钮就是按钮外观动态改变的一种具体应用。所谓轮替，指的是将鼠标移动到按钮上时，按钮的外观发生变化，而将鼠标移出按钮范围时，按钮外观又变回原先默认外观的这种机制。按钮编辑器可以快速高效地构建JavaScript轮替图像按钮，还可以构建包含多个按钮的导航条。

④ 利用Fireworks的样式（Style）特性，可以为图像快速应用一些设置好的艺术效果，这些效果附着于图像元素之上，并且可以在保持原先图像元素的条件下任意改换。例如，可以设置图像的投影、发光和浮雕效果，或是设置文字的纹理材质和三维效果等。

⑤ Fireworks是一个将矢量处理和位图处理有机结合的应用程序，因此它可以在处理图像的同时，保持图像元素本身的独立性和可编辑性，所有的效果都是附着在元素上的。可以被任意替换。利用Fireworks中的多种工具，如各种路径工具或位图工具，可以方便快捷地构建动画GIF图像。

⑥ Fireworks还支持符号（Symbol）、实例（Instance）和插帧（Tweezing）等特性。所谓符号，指的是具有独立身份的图形元素，在图像中多次复制该图形元素，就构成了实例。一旦在图像中改变了符号本身，它在图像中的所有实例都会相应发生变化，利用这种特性，可以快速改变整个图像中相同的内容。利用插帧特性，可以快速地在符号和实例之间添加中间帧（也称关键帧），从而改变动画的过程。

⑦ 利用Fireworks，可以以“图像+文字”的方式构建完整的Web页面，然后将它导出为真正的“HTML+图像”的形式。

⑧ Fireworks具有强大的图像优化特性。在Fireworks的工作环境中，可以对每个切片进行优化，甚至允许对不同的切片实行不同的优化方式，或以不同的图像文件格式存储。

6.2.3 Dreamweaver 简介

1. Dreamweaver 概述

Dreamweaver是Macromedia公司推出的一个所见即所得的主页编辑工具，具有简洁的界面和强大的功能。在Dreamweaver中，几乎所有简单对象的属性都可以在属性面板上进行修改。翻转图片、导航按钮、E-mail链接、日期、Flash动画、Shockwave动画、Java Applet、ActiveX等对象也可以通过对象面板插入到Dreamweaver中。程序使用浮动窗口，设计人员可以用鼠标单击的方式插入图像、表格、表单、Applet、脚本语言等各种对象，这方面延续了所见即所得的编写方式，同时程序也提供对代码的编辑，包括样式表和脚本 JavaScript。Dreamweaver 是第一套针对专业网页开发者特别开发的可视化网页设计工具软件。

2. Dreamweaver 工作环境

Dreamweaver 的界面中分布着许多窗口，最大的空白区域是文档窗口，也是制作过程中 HTML 页面的显示窗口。

（1）主菜单

Dreamweaver 的主菜单共分十大类：文件、编辑、查看、插入、修改、格式、命令、站点、窗口、帮助。作用分别为文件管理、选择区域文本编辑、观察物件、插入元素、修改页面元素、文本操作、控制附加命令项、站点管理、窗口切换和联机帮助。

（2）文档工具栏

文档工具栏从左到右分别是切换到代码窗口、切换到代码和设计混合窗口、切换到设计窗口、页面标题、文件管理、预览和在浏览器中改错、参考、代码导航和查看选项。

（3）属性面板

属性面板（Properties）比较灵活，变化比较多，它随着选择对象不同而改变，属性菜单完全是根据选择区域决定的。比如选择了一幅图像，那么属性面板上将出现图像的相应属性，如果表格的话，它相应地会变化成表格的相应属性。

注意：属性面板中的图标，单击后将出现更多的扩展属性。单击图标将关闭扩展属性，返回原始状态。

属性面板集成了 Modify（修改）和 Text（文本）菜单的选项，但图像属性的修改在主菜单中是找不到的，只能打开其属性面板进行操作。

（4）对象面板

对象面板集成了 Dreamweaver 主菜单中 Insert（插入）中的选项，它的对象全部是插入对象，而且图标直观。

（5）状态栏

状态栏的左边用于显示当前光标区的代码情况，可以用鼠标任意选定其中的一句代码，单击后所选中的代码会加粗。状态栏右边由三部分组成，从左到右分别表示当前用户界面的分辨率，单击后可调整为需要的分辨率；中间部分显示目前编辑的文档（包括图像等）共有多少 KB，并根据设定的传输速率计算出相应的下载时间，使用户可以随时掌握自己页面的总容量，作出相应的决定。最右边的一部分是 Launcher（快速启动档）。

3. Dreamweaver 的特点

① Dreamweaver 提供可视化网页开发，同时不会降低 HTML 原码的控制。Dreamweaver 提供的 RoundtripHTML 功能，可以准确无误地切换视觉模式与惯用的原码编辑模式。当编辑既有网页时，Dreamweaver 会尊重在其他编辑器中做出的原码，不会任意改变它。而在使用 Dreamweaver 的视觉性编辑环境时，可以在 HTML 监视器上同步地看到 Dreamweaver 产生的原始码；若要在视觉式编辑模式和原始码编辑模式之间切换，只须单击一下相应的窗口。

② Dreamweaver 支持跨浏览器的 Dynamic HTML、阶层式样式窗体、绝对坐标定位以及 JavaScript 的动画。Dreamweaver 利用 JavaScript 和 Dynamic HTML 语言代码实现网页元素的动作和交互操作。在这方面超过了 FrontPage、Hotdog、Homesite 等著名网页编辑软件。Dynamic

HTML、直觉式时间轴接口以及 JavaScript 行为库，可以在不需要程序的情况下让 HTML 组件运动起来。Dreamweaver 的全网站内容管理方式克服了逐页更新管理的缺点。

③ Dreamweaver 提供行为和时线两种控件来进行动画处理和产生交互式响应，这也是该软件的优势所在。行为空间提供交互式操作，时线控件使设计人员可以像制作视频一样来编辑网页。

④ 和 Macromedia 公司其他软件的完美协作也是 Dreamweaver 的一大特色。在 Dreamweaver 中可以直接插入 Fireworks 中导出的 HTML 代码，设置 Dreamweaver 中的图像也可以直接使用 Fireworks 进行编辑和优化。

6.2.4 Photoshop 简介

1. Photoshop 概述

Adobe Photoshop 是数字图像处理软件中最优秀的软件之一，它可任意设计、处理润饰各种图像，是美术设计、摄影和印刷专业人员理想的数字图像处理工具软件。Photoshop 被认为是目前最强大的图像处理软件之一，具有十分强大的图像处理。而且 Photoshop 具有广泛的兼容性，采用开放式结构，能够外挂其他处理软件和图像输入输出设备。

Photoshop 为美术设计人员提供了无限创意空间，可以从一幅现成的图像开始，通过各种图像组合，在图像中任意添加图像，为作品增添艺术魅力。Photoshop 的所有绘制成果均可以输出到彩色喷墨打印机或激光打印机上。

对于印刷人员，Adobe Photoshop 提供了高档专业印刷前期作业系统，通过扫描、修改图像，在 RGB 模式中预览 CMYK 四色印刷图像，在 CMYK 模式中对颜色进行编辑，产生高质量的单色、双色、三色和四色调图像。

2. Photoshop 工作环境

① 标题栏：标题栏显示 Adobe Photoshop 的字样和图标。

② 菜单栏：菜单栏显示的是 Photoshop 菜单命令，共包括文件、编辑、图像、图层、选择、滤镜、分析、3D、视图、窗口和帮助 11 个菜单。

③ 工具箱：工具箱中列出了 Photoshop 中的常用工具。利用工具箱中的工具可以选择、绘制、编辑和查看图像，选择前景和背景色以及更改屏幕显示模式。大多数工具都有相关的笔刷大小和选项调板，用以限定工具的绘画和编辑效果。

④ 控制面板：控制面板列出了 Photoshop 许多操作的功能设置和参数设置，利用这些设置可以进行各种操作。

⑤ 状态栏：状态栏显示当前打开图像的信息和当前操作的提示信息。

⑥ 图像窗口：图像窗口用于显示图像。窗口上方显示图像文件的名称、大小比例和色彩模式。

3. Photoshop 的特点

① 支持多种图像格式。Photoshop 支持的图像格式包括 PSD、EPS、DCS、TIF、JPEG、BMP、PCX、FLM、PDF、PICT、GIF、PNG、IFF、FPX、RAW 和 SCT 等 20 多种。利用 Photoshop 可以将某种格式的图像另存为其他格式，以达到特殊的需要。

② 支持多种色彩模式。Photoshop 支持的色彩模式包括位图模式、灰度模式、RGB 模式、CMYK 模式、LAB 模式、索引颜色模式、双色调模式和多通道模式等，并且可以实现各种模式之间的转换。另外，利用 Photoshop 还可以任意调整图像的尺寸、分辨率及画布的大小。既可以在不影响分辨率的情况下改变图像尺寸，又可以在不影响图像尺寸的情况下增减分辨率。

③ 提供了强大的选取图像范围的功能。利用矩形、椭圆面罩和套索工具，可以选取一个或多个不同尺寸、形状的选取范围。磁性套索工具可以根据选择边缘的像素反差，使选取范围紧贴要选取的图像。利用魔术棒工具或“颜色范围”命令可以根据颜色来自动选取所要部分。配合多种快捷键的使用，可以实现选取范围的相加、相减、交叉和反选等效果。

④ 可以对图像进行各种编辑，如移动、复制、粘贴、剪切、清除等。如果在编辑时出了错误，还可以进行无限次的撤销和恢复操作。Photoshop 可以对图像进行任意的旋转和变形，例如，按固定的方向翻转和旋转，或对图像进行拉伸、倾斜、扭曲和制造透视效果等。

⑤ 可以对图像进行色调和色彩的调整，使色相、饱和度、亮度、对比度的调整变得简单。Photoshop 可以单独对某一选取范围进行调整，也可以对某一种选定颜色进行调整。使用“色彩平衡”命令可以在彩色图像中改变颜色的混合；使用“色阶”和“曲线”命令可以分别对图像的高光、暗调和中间调部分进行调整，这是传统的绘画技巧难以达到的效果。

⑥ 提供了绘画功能。使用喷枪工具、笔刷工具、铅笔工具、直线工具可以绘制各种图形。通过自行设定的笔刷形状、大小和压力，可以创建不同的笔刷效果。利用渐变工具可以产生多种渐变效果；加深和减淡工具可以有选择地改变图像的曝光度；海绵工具可以选择性地增减色彩的饱和程度；模糊、锐化和涂抹工具可以产生特殊效果的图像作品；使用图章工具可以修改图像，并可复制图像中的某一部分内容到其他图像的指定位置。

⑦ 使用 Photoshop，用户可以建立普通图层、背景层、文本层、调节层等多种图层，并且方便地对各个图层进行编辑。用户可以对图层进行任意的复制、移动、删除、翻转、合并和合成操作，可以实现图层的排列，还可以应用添加阴影等制作特技效果。调整图层可在不影响图像的同时，控制图层的透明度和饱和度等图像效果；文本层可以随时编辑图像中的文本；用户还可以对不同的色彩通道分别进行编辑；利用蒙版可以精确地选取范围，进行存储和载入操作。

⑧ Photoshop 共提供了将近 100 种滤镜，每种滤镜各不相同。用户可以利用这些滤镜实现各种特殊效果，如利用“风”滤镜可以增加图像动感，利用“浮雕”滤镜可以制作浮雕效果，利用“水波”滤镜可以模拟水波中的倒影。另外，Photoshop 还可以使用其他与之配套的外挂滤镜。

6.3 动态网页的制作

早期的 Web 主要是静态网页的浏览，由 Web 服务器使用 HTTP 协议将 HTML 文档从 Web 服务器传送到用户的 Web 浏览器上。它适合于组织各种静态的文档类型元素（如图片、文字及文档）间的链接。

Web 技术发展的第二阶段是生成动态页面。随着三层 Client/Server 结构和 CGI 标准、ISAPI 扩展、动态 HTML 语言、Java/JDBC 等技术的出现，产生了可以供用户交互的动态 Web 文档，HTML 页面除了能显示静态信息外，还能够作为信息管理中客户与数据库交互的人机界面。动态网页技术主要依赖服务器端编程，包括 CGI 版本、Server-API 程序（包括 NSAPI 和 ISAPI）、JavaServerlets 以及服务器端脚本语言。

服务器端脚本编程方式试图使编程和网页联系更为紧密，并使它以相对更简单、更快速的方式运行。服务器端脚本的思想是创建与 HTML 混合的脚本文件或模板，当需要的时候由服务器来读它们，然后服务器分析处理脚本代码，并输出由此产生的 HTML 文件。

服务器脚本环境有许多，其中最流行的几种包括 ASP（Active Server Pages）、JSP（Java Server Pages）、ColdFusion、PHP 等，它们的主要区别仅在于语法上。每一种技术与其他技术相比差别不大，因此在它们之间作出选择往往是出于自己的偏爱。所以这种技术与更先进的服务器端编程（如服务器 API）相比，其执行速度相对较慢，可以弥补性能的是该项技术相对比较简单。

习 题 6

1. 网页设计工具一般有哪几种？
2. 请应用 HTML 标记语言设计一个静态页面。

第 7 章　计算机网络安全与管理

学习目标

了解计算机网络安全与管理的产生与发展，熟练掌握 SNMP 协议和 MIB 库的结构。

主要内容

★　网络管理的概念
★　SNMP 协议
★　MIB 库

7.1　网络管理简介

7.1.1　网络管理概述

网络管理是指对网络的运行状态进行监测和控制，使其能够有效、可靠、安全、经济地提供服务。从这个定义可以看出，网络管理包含两个任务，一是对网络的运行状态进行监测，二是对网络的运行状态进行控制。通过监测可以了解当前状态是否正常，是否存在瓶颈和潜在危机，通过控制可以对网络状态进行合理调节，提高性能，保证服务。监测是控制的前提，控制是监测的结果。由此可见，网络管理就是网络的监测和控制。

随着网络的规模增大、复杂性增加，以前的网络管理技术已不能适应网络的迅猛发展。特别是这些网络管理系统往往是厂商自己开发的专用系统，很难对其他厂商的网络系统、通信设备和软件等进行管理。这种状况很不适应网络异构互联的发展趋势。尤其是 20 世纪 80 年代初期 Internet 的出现和发展更使人们意识到这一点。为此，研发者们迅速展开了对网络管理这门技术的研究，并提出了多种网络管理方案，包括 HLEMS（High Level Entity Management Systems）、SGMP（Simple Gateway Monitoring Protocol）和 CMIS/CMIP（Common Management Information Service/Protocol）等。

到 1987 年底，管理 Internet 策略和方向的核心管理机构 Internet 体系结构委员会意识到，需要在众多的网络管理方案中选择适合于 TCP/IP 协议的网络管理方案。因特网结构委员会

（Internet Architecture Board，IAB）在 1988 年 3 月在会议上，制定了 Internet 管理的发展策略，即采用 SGMP 作为短期的 Internet 的管理解决方案，并在适当的时候转向 CMIS/CMIP。其中，SGMP 是 1986 年 NSF 资助的纽约证券交易所网（New York Stock Exchange Net，NYSERNET）上开发应用的网络管理工具，而 CMIS/CMIP 是 20 世纪 80 年代中期国际标准化组织（ISO）和国际电话与电报顾问委员会（CCITT）联合制定的网络管理标准。同时，IAB 还分别成立了相应的工作组，对这些方案进行适当的修改，使它们更适合于 Internet 的管理。这些工作组分别在 1988 年和 1989 年先后推出了 SNMP（Simple Network Management Protocol）和 CMOT（CMIP/CMIS Over TCP/IP）。但实际情况的发展并非如 IAB 计划的那样，SNMP 一推出就得到了广泛的应用和支持，而 CMIS/CMIP 的实现却由于其复杂性和实现代价太高而遇到困难。当 ISO 不断修改 CMIP/CMIS 使之趋于成熟时，SNMP 已在实际应用环境中得到了检验和发展。

1990 年 Internet 工程任务组（Internet Engineering Task Force，IETF）在 Internet 标准草案 RFC1157（Request For Comments）中正式公布了 SNMP，1993 年 4 月又在 RFC1441 中发布了 SNMPv2。当 ISO 的网络管理标准终于趋向成熟时，SNMP 已经得到了数百家厂商的支持，其中包括 IBM、HP、Sun 等许多 IT 界著名的公司和厂商。目前 SNMP 已成为网络管理领域中事实上的工业标准，并被广泛支持和应用，大多数网络管理系统和平台都是基于 SNMP 的。

由于实际应用的需要，网络管理方面的研究越来越多，并已成为涉及通信和计算机网络领域的全球性热门课题。国际电气电子工程师协会（IEEE）通信学会下属的网络营运与管理专业委员会（Committee of Network Operation and Management，CNOM），从 1988 年起每两年举办一次网络运营与管理专题讨论会（Network Operation and Management Symposium，NOMS）。国际信息处理联合会（IFIP）也从 1989 年开始每两年举办一次综合网络管理专题讨论会。ISO 还专门设立了一个 OSI 网络管理论坛（OSI/NMF），专门讨论网络管理的有关问题。近几年来，又有一些厂商和组织推出了自己的网络管理解决方案。比较有影响的有网络管理论坛的 OMNIPoint 和开放软件基金会（OSF）的 DME（Distributed Management Environment）。另外，各大计算机与网络通信厂商纷纷推出了各自的网络管理系统，如 HP 的 OpenView、IBM 的 NetView 系列、Sun 的 Sun Net Manager 等。它们都已在各种实际应用环境下得到了一定的应用，并已有了相当的影响。

7.1.2 网络管理的功能

ISO 在 ISO/IEC 7498-4 文档中定义了网络管理的五大功能，并被广泛接受。

1. 故障管理

故障管理（Fault Management）是网络管理中最基本的功能之一。用户都希望有一个可靠的计算机网络。当网络中某个组成部分发生故障时，网络管理器必须迅速查找到故障并及时排除。故障管理的主要任务是发现和排除网络故障，它的目的是保证网络资源无障碍、无错误地运营，包括障碍管理、故障恢复和预防保障。障碍管理的内容有告警、测试、诊断、业务恢复、故障设备更换等。预防保障为网络提供自愈能力，在系统可靠性下降、业务经常受到影响的准故障条件下实施。在网络的监测和测试中，故障管理参考配置管理的资源来识别网络元素。如果维护状态发生变化，或者故障设备被替换以及通过网络重组迂回故障时，要与资源 MIB 互通。在故障影响了有质量保证承诺的业务时，故障管理要与计费管理互通，以赔偿用户的损失。

通常不大可能迅速隔离某个故障，因为网络故障的产生原因往往相当复杂，特别是当故障是由多个网络组成部分共同引起的，在此情况下，一般先将网络修复，然后再分析网络故障的原因。分析故障原因对于防止类似故障的再次发生相当重要。网络故障管理包括故障检测、隔离故障和纠正故障三个方面，应包括以下典型功能：

① 维护并检查错误日志；

② 接受错误，检测报告并作出响应；

③ 跟踪、辨认错误；

④ 执行诊断测试；

⑤ 纠正错误。

对网络故障的检测应依据对网络组成部件状态的监测，那些不严重的简单故障通常被记录在错误日志中，并不作特别处理；而严重一些的故障则需要通知网络管理器，即所谓的"警报"。一般网络管理器应根据有关信息对警报进行处理，排除故障。当故障比较复杂时，网络管理器应能执行一些诊断测试来辨别故障原因。

2．配置管理

配置管理（Configuration Management）是最基本的网络管理功能，负责网络的建立、业务的展开以及配置数据的维护。

配置管理功能主要包括资源清单管理、资源开通以及业务开通。资源清单的管理是所有配置管理的基本功能，资源开通是为满足新业务需求及时配备资源，业务开通是为端点用户分配业务或功能。配置管理建立资源管理信息库（MIB）和维护资源状态，为其他网络管理功能利用。配置管理初始化网络并配置网络，以使其提供网络服务。配置管理的目的是为了实现某个特定功能或使网络性能达到最优。

配置管理是一个中长期的活动，它要管理的是网络增容、设备更新、新技术的应用、新业务的开通、新用户的加入、业务的撤销、用户的迁移等原因所导致的网络配置的变更。网络规划与配置管理关系密切，在实施网络规划的过程中，配置管理发挥最主要的管理作用。

配置管理包括：

① 设置开放系统中有关路由操作的参数；

② 被管对象和被管对象组名称的管理；

③ 初始化或关闭被管对象；

④ 根据要求收集系统当前状态的有关信息；

⑤ 获取系统重要变化的信息；

⑥ 更改系统的配置。

3．计费管理

计费管理（Accounting Management）记录网络资源的使用，目的是控制和监测网络操作的费用和代价。它可以估算出用户使用网络资源可能需要的费用和代价。网络管理员还可规定用户可使用的最大费用，从而控制用户过多占用和使用网络资源，这也从另一方面提高了网络的效率。另外，当用户为了一个通信目的，需要使用多个网络中的资源时，计费管理应计算总费用。

计费管理根据业务及资源的使用记录制作用户收费报告，确定网络业务和资源的使用费用，计算成本。计费管理保证向用户无误地收取使用网络业务应交纳的费用，也进行诸如管理控制的直接运用和状态信息提取一类的辅助网络管理服务。一般情况下，收费机制的启动条件是业务的开通。

计费管理的主要目的是正确地计算和收取用户使用网络服务的费用。但这并不是唯一的目的，计费管理还要进行网络资源利用率的统计和网络的成本效益核算。对于以营利为目的的网络经营者来说，计费管理功能无疑是非常重要的。

在计费管理中，首先要根据各类服务的成本、供需关系等因素制订资费政策，资费政策还包括根据业务情况制订的折扣率；其次要收集计费收据，如使用的网络服务、占用时间、通信距离、通信地点等计算服务费用。通常计费管理包括以下几个主要功能。

① 计算网络建设及运营成本。主要成本包括网络设备器材成本、网络服务成本、人工费用等。

② 统计网络及其所包含的资源的利用率。为确定各种业务各种时间段的计费标准提供依据。

③ 联机收集计费数据。这是向用户收取网络服务费用的根据。

④ 计算用户应支付的网络服务费用。

⑤ 账单管理。保存收费账单及必要的原始数据，以备用户查询和置疑。

4．性能管理

性能管理（Performance Management）的目的是维护网络服务质量（QoS）和网络运营效率。为此，性能管理要提供性能监测功能、性能分析功能以及性能管理控制功能。同时，还要提供性能数据库的维护以及在发现性能严重下降时启动故障管理系统的功能。

网络服务质量和网络运营效率有时是相互制约的。较高的服务质量通常需要较多的网络资源（带宽、CPU 时间等），因此在制订性能目标时要根据服务质量和运营效率指标。在强调网络运营效率的场合，就要适当降低服务质量指标。但一般在性能管理中，维护服务质量是第一位的。

性能管理估价系统资源的运行涉及通信效率等系统性能，其功能包括监视和分析被管网络及其所提供服务的性能机制。性能分析的结果可能会触发某个诊断测试过程或重新配置网络以维持网络的性能。性能管理收集和分析有关被管网络当前状况的数据信息，并维持和分析性能日志。一些典型的功能包括：

① 收集统计信息；

② 维护并检查系统状态日志；

③ 确定自然和人工状况下系统的性能；

④ 改变系统操作模式以进行系统性能管理操作。

5．安全管理

安全性一直是网络的薄弱环节之一，而用户对网络安全的要求又相当高，因此安全管理（Security Management）非常重要。网络中主要有以下几大安全问题：网络数据的私有性（保护网络数据不被侵入者非法获取）；授权（防止侵入者在网络上发送错误信息）；访问控制（控制对网络资源的访问）。

安全管理采用信息安全措施保护网络中的系统、数据以及业务。安全管理与其管理功能有密切的关系：安全管理要调用配置管理中的系统服务对网络中的安全设施进行控制和维护，当网络发现安全方面的故障时，要向故障管理通报安全故障事件以便进行故障诊断和恢复；安全管理功能还要接收计费管理发来的与访问权限有关的计费数据和访问事件通报。

安全管理的目的是提供信息的隐私、认证和完整性保护机制，使网络中的服务、数据以及系统免受侵扰和破坏。一般的安全管理系统包含以下四项功能：

① 风险分析功能；

② 安全服务功能；

③ 告警、日志和报告功能；

④ 网络管理系统保护功能。

7.1.3　网络管理的基本模型

在网络管理中，一般采用网络管理者—网管代理模型。网络管理模型的核心是一对相互通信的系统管理实体，它采用一种独特的方式使两个管理进程之间相互作用，即，管理进程与一个远程系统相互作用，来实现对远程资源的控制。在这种简单的体系结构中，一个系统中的管理进程担当管理者角色，而另一个系统中的对等实体担当代理者角色，代理者负责提供对被管对象的访问。前者被称为网络管理者，后者被称为网管代理。不论是OSI的网络管理，还是IETF的网络管理，都认为现代计算机网络管理系统基本由以下四个要素组成：

① 网络管理者（Network Manager）；

② 网管代理（Managed Agent）；

③ 网络管理协议（Network Management Protocol）；

④ 管理信息库（Management Information Base，MIB）。

网络管理者（管理进程）是管理指令的发出者，通过各网管代理对网络内的各种设备、设施和资源实施监视和控制。网管代理负责管理指令的执行，并且以通知的形式向网络管理者报告被管对象发生的一些重要事件。网管代理具有两个基本功能：一是从MIB中读取各种变量值；二是在MIB中修改各种变量值。MIB是被管对象结构化组织的一种抽象，它是一个概念上的数据库，由管理对象组成，各个网管代理管理MIB中属于本地的管理对象，各管理网管代理控制的管理对象共同构成全国的管理信息库。网络管理协议是最重要的部分，它定义了网络管理者与网管代理间的通信方法，规定了管理信息库的存储结构、信息库中关键词的含义以及各种事件的处理方法。

在系统管理模型中，管理者角色与网管代理角色不是固定的，而是由每次通信的性质所决定。担当管理者角色的进程向担当网管代理角色的进程发出操作请求，担当网管代理角色的进程对被管对象进行操作并将被管对象发出的通报传向管理者。

7.2　简单网络管理协议

7.2.1　SNMP概述

简单网络管理协议（SNMP）由一系列协议组和规范组成，它们提供了一种从网络上的设备中收集网络管理信息的方法。SNMP的体系结构分为SNMP管理者（SNMP Manager）

和 SNMP 代理者（SNMP Agent），每一个支持 SNMP 的网络设备中都包含一个网管代理，网管代理随时记录网络设备的各种信息，网络管理程序再通过 SNMP 通信协议收集网管代理所记录的信息。从被管理设备中收集数据有两种方法：一种是轮询方法，另一种是基于中断的方法。

SNMP 嵌入到网络设施中的代理软件来收集网络的通信信息和有关网络设备的统计数据。代理软件不断地收集统计数据，并把这些数据记录到一个管理信息库中。网管员通过向代理的 MIB 发出查询信号可以得到这些信息，这个过程就叫轮询。为了能够全面地查看一天的通信流量和变化率，管理人员必须不断地轮询 SNMP 代理，每分钟就轮询一次。这样，网管员可以使用 SNMP 来评价网络的运行状态，并分析出通信的趋势。例如，哪一个网段接近通信负载的最大能力或正在使用的通信出错等。先进的 SNMP 管理甚至可以通过编程来自动关闭端口或采取其他矫正措施来处理历史的网络数据。

如果只是用轮询的方法，那么网络管理工作站总是在控制之下。但这种方法的缺陷在于信息的实时性，尤其是错误的实时性。多长时间轮询一次、轮询时选择什么样的设备顺序都会对轮询的结果产生影响。轮询的间隔太小，会产生太多不必要的通信量；间隔太大，而且轮询时顺序不对，那么关于一些大的灾难性事件的通知又会太慢，这就违背了积极主动的网络管理目的。与之相比，当有异常事件发生时，基于中断的方法可以立即通知网络管理工作站，实时性很强。但这种方法也有缺陷。产生错误或自陷需要系统资源，如果自陷必须转发大量的信息，那么被管理设备可能不得不消耗更多的事件和系统资源来产生自陷，这将会影响到网络管理的主要功能。

将以上两种方法结合起来，就形成了面向自陷的轮询方法。一般来说，网络管理工作站通过轮询被管理设备中的代理来收集数据，并且在控制台上用数字或图形的表示方法来显示这些数据。被管理设备中的代理可以在任何时候向网络管理工作站报告错误情况，而并不需要等到管理工作站为获得这些错误情况而轮询它的时候才报告。

SNMP 已经成为事实上的标准网络管理协议。由于 SNMP 首先是 IETF 的研究小组为了解决在 Internet 上的路由器管理问题提出的，因此许多人认为 SNMP 只能在 IP 上运行，但事实上，目前 SNMP 已经被设计成与协议无关的网管协议，所在它在 IP、IPX、AppleTalk 等协议上均可以使用。

7.2.2 管理信息库

计算机网络管理涉及网络中的各种资源，包括两大类：硬件资源和软件资源。硬件资源是指物理介质、计算机设备和网络互联设备。物理介质通常是指物理层和数据链路层设备，如网卡、双绞线、同轴电缆等；计算机设备包括处理机、打印机和存储设备及其他计算机外围设备；常用的网络互联设备有中继器、网桥、路由器、网关等。软件资源主要包括操作系统、应用软件和通信软件。通信软件是指实现通信协议的软件，例如在 FDDI、ATM FR 这些主要依靠软件的网络中就大量采用了通信软件。另外，软件资源还有路由器软件、网桥软件等。

网络环境下资源的表示是网络管理的一个关键问题。目前一般采用“被管对象（Managed Object）”来表示网络中的资源。被管对象的集合被称做 MIB，即管理信息库，所有相关的网络被管对象信息都放在其中。不过应当注意的是，MIB 仅是一个概念上的数据库，在实际网络中并不存在。目前网络管理系统的实现主要依靠被管对象和 MIB，所以它们是网络管理中非常重要的概念。

MIB 是一个信息存储库，是网络管理系统中的一个非常重要的部分。MIB 定义了一种对象数据库，由系统内的许多被管对象及其属性组成。通常，网络资源被抽象为对象进行管理，对象的集合被组织为 MIB。MIB 作为设在网管代理处的管理站访问点的集合，管理站通过读取 MIB 中对象的值来进行网络监控。管理站可以在网管代理处产生动作，也可以通过修改变量值改变网管代理处的配置。

MIB 中的数据可大体分为三类：感测数据、结构数据和控制数据。感测数据表示测量到的网络状态，它是通过网络的监测过程获得的原始信息，包括节点队列长度、重发率、链路状态、呼叫统计等。这些数据是网络的计费管理、性能管理和故障管理的基本数据。结构数据描述网络的物理和逻辑构成，它是静态的（变量缓慢的）网络信息，包括网络拓扑结构、变换机和中继线的配置密钥、用户记录等。这些数据是网络的配置管理和安全管理的基本数据。控制数据存储网络的操作设置，代表网络中那些可以调整参数的设置，如中继线的最大流、交换机输出链路业务分流比率、路由表等。控制数据主要用于网络的性能管理。

在现代网络管理模型中，管理信息库是网络管理系统的核心。网络操作员在管理网络时，只与 MIB 打交道，当他要对网络功能进行调整时，只须更新数据库中对应的数据即可，实际对物理网络的操作由数据库系统控制完成。现在有几种已经定义的通用标准管理信息库，其中使用最广泛、最通用的 MIB 是 MIB-II。

7.2.3 SNMP 操作

实际上，网络是由多个厂家生产的各种设备组成的，要使网络管理者与不同种类的被管设备通信，就必须以一种与厂家无关的标准方式精确定义网络管理信息。SNMP 体系结构由管理者（管理进程）、网管代理和管理信息库（MIB）三个部分组成。该体系结构的核心是 MIB，而 MIB 网管代理维护由管理者读写。

SNMP 模型采用 ASN.1 语法结构描述对象以及进行信息传输。按照 ASN.1 命名方式，SNMP 代理维护的全部 MIB 对象组成一棵树（即 MIB-II 子树）。树中的每个节点都有一个标号（字符串）和一个数字，相同深度节点的数字按从左到右的顺序递增，而标号则互不相同。每个节点（MIB 对象）都是由对象标志符唯一确定的，对象标志符是从树根到该对象对应的节点的路径上的标号或数字序列。在传输各类数据时，SNMP 协议首先要把内部数据转换成 ASN.1 语法表示，然后发送出去，另一端收到此 ASN.1 语法表示的数据后也必须首先变成内部数据表示，然后才执行其他操作，这样就实现了不同系统之间的无缝通信。

IETF RFC1155 的 SMI 规定了 MIB 能够使用的数据类型及如何描述和命名 MIB 中的管理对象类。SNMP 的 MIB 仅仅使用了 ASN.1 的有限子集，它采用了以下四种简单类型数据（INTEGER、OCTET STRING、NULL 和 OBJECT IDENTIFER）以及两个构造类型数据（SEQUENCE 和 SEQUENCE OF）来定义 SNMP 的 MIB。所以，SNMP MIB 仅能存储简单的数据类型：标量型和二维表型。SMI 采用 ASN.1 描述形式，定义了 Internet 的六个主要管理对象类：网络地址、IP 地址、时间标记、计数器、计量器和非透明数据类型。SMI 采用 ASN.1 中宏的形式来定义 SNMP 中对象的类型和值。

SNMP 实体不需要在发出请求后等待响应到来，是一个异步的请求/响应协议。SNMP 仅支持对管理对象值的检索和修改等简单操作，具体地说，SNMPv1 支持四种操作。

① get：用于获取特定对象的值，提取指定的网络管理信息。

② get-next：通过遍历 MIB 树获取对象的值，提供扫描 MIB 和依次检索数据的方法。

③ set：用于修改对象的值，对管理信息进行控制。

④ trap：用于通报重要事件的发生，代理使用它发送非请求性通知给一个或多个预配置的管理工作站，用于向管理者报告管理对象的状态变化。

以上四个操作中，前三个是由管理员发请求给代理，需要代理发出响应给管理者；最后一个则是由代理发给管理者，但并不需要管理者响应。

SNMP 计算机网络应用非常广泛，虽已成为事实上的计算机网络管理的标准，但仍有许多自身难以克服的缺点：SNMP 不能行之有效地管理真正的大型网络，因为它是基于轮询机制的，在大型网络中效率很低；SNMP 的 MIB 不适合比较复杂的查询，不适合大量数据的查询；SNMP trap 是无确认的，这样不能确保将那些非常严重的告警发送到管理者；SNMP 不支持如创建、删除等类型的操作，要完成这些操作，必须用 set 命令间接触发；SNMP 的安全管理较差；SNMP 定义了太多的管理对象类，管理者必须明白各种管理对象类的准确含义。

7.3 网络管理系统

7.3.1 网络管理系统概述

通过前面的学习，读者明白了网络管理的概念、网络管理采用的协议以及网络管理的体系结构（管理站和代理模型）。而网络管理的最终目标是通过网络管理系统，即一个实施网络管理功能的应用系统来实现。随着信息社会对网络的依赖性越来越强，网络管理系统作为附加在业务网这一棵网上的支撑系统，受到了前所未有的重视。对于网络管理来说，如何有效地管理网络，如何为现有网络规划设计网络管理系统（Network Management System，NMS）已变得尤为迫切。

网络管理系统是用来管理网络、保障网络正常运行的软件和硬件的有机组合，是在网络管理平台的基础上实现的各种网络管理功能的集合，包括故障管理、性能管理、配置管理、安全管理和计费管理等功能。网络管理系统提供的基本功能通常包括网络拓扑结构的自动发现、网络故障报告和处理、性能数据采集和可视化分析工具、计费数据采集和基本安全管理工具。通过网络管理系统提供的管理功能和管理工具，网络管理员就可以完成日常的各种网络管理任务了。虽然网络管理系统是用来管理网络、保障网络正常运行的关键手段，但在实际应用中，并不能完全依赖于现成的网管产品，由于网络系统复杂多变，现成的产品往往难以解决所有的网管问题。一项权威调查显示，真正直接使用现有的成熟的商业化管理系统的单位仅占受调查单位总数的 18%，其余大部分单位使用的是在现有的网络管理平台上再次开发的系统。也就是说一个好的网络管理系统建设是离不开自主开发的。换句话说，一个成功实用的网络管理系统建设经常伴随着在现有的网络管理平台上进行二次开发的过程。具体地讲，开发设计网络管理系统时，要重点处理好以下问题。

① 网络管理的跨平台性。当前的网络管理一般都是基于一种专用的硬件和软件管理平

台，对网络管理人员的要求很高。但 Java 的出现和广泛使用，为开发一种跨平台的网络管理提供了可能。

② 网络管理的分布式特性。当前的网络管理一般都是集中式管理，既不灵活，也不方便。随着 Client/Server 模式的广泛应用，如何有效地利用 Client/Server 的特性去实现网络管理的分布式特性，也是一个急需解决的问题。

③ 网络管理的安全性。安全性问题是网络管理面对的主要挑战。早期的 SNMP 安全性有限，后期版本有了很大的加强。如何在保证网络管理简单性的前提下真正实现安全管理，也是一个不容忽视的问题。

④ 新兴网络模式的管理。随着交换型局域网、虚拟局域网（VLAN）、虚拟专网（VPN）的广泛使用，如何有效地管理这些网络，是摆在网络管理员面前的一个现实问题。

⑤ 异种网络设备的管理。现有的网络管理软件大都具有局限性，对不同厂家的不同网络设备的统一管理能力不强。如何将不同厂家的网络设备统一管理起来，也是一个值得思考的问题。

⑥ 基于 Web 的网络管理。现行标准并不适合服务器响应异步通信。使用 CGI 通过 Web 集成各设备供应商的管理应用也会遇到一些问题。如何结合 Browser/Server 计算技术开发出基于 Web 的网络管理系统，是网络管理集成技术新的挑战。

7.3.2 HP OpenView

1. HP OpenView 简介

HP OpenView 是一个具有战略性意义的产品，它集成了网络管理和系统管理双方的优点，并把它们有机地结合在一起，形成一个单一而完整的管理系统，从而使企业在急速发展的 Internet 时代取得辉煌成功，立于不败之地。在 E-Services（电子化服务）的大主题下，OpenView 系统产品包括了统一管理平台、全面的服务和资产管理、网络安全、服务质量保障、故障自动监测和处理、设备搜索、网络存储、智能代理、Internet 环境的开放式服务等丰富的功能特性。

HP 是最早开发网络管理产品的厂商之一。OpenView 是 HP 公司的旗舰软件产品，已成为网络管理平台的典范，有无数的第三方厂商在 OpenView 平台上开发网络管理的应用。OpenView 方案实现了网络运作从被动无序到主动控制的过渡，使网络管理部门及时了解整个网络当前的真实状况，实现主动控制，而且 OpenView 解决方案的预防式管理工具临界值设定与趋势分析报表，可以让 IT 部门采取更具预防性的措施，以保障管理网络的健全状态。简单地说，OpenView 解决方案是从用户网络系统的关键性能入手，帮助其迅速地控制网络，然后还可以根据需要增加其他解决方案。

需要明确的是，HP OpenView 不是一个特定的产品，而是一个产品系列，它包括一系列管理平台、一整套网络和系统管理应用开发工具。OpenView 管理多厂商网络设备和系统的战略平台，通过集成多厂商网络设备和系统管理产品，为用户的网络、系统、应用程序和数据库管理提供了统一的解决方案。

2. HP OpenView 管理框架

HP OpenView 解决方案框架为最终用户和应用程序开发商提供了一个基于通用管理过程

的体系结构，可为用户提供集成网络、系统、应用程序和适合多用户分布式计算环境的数据库管理。第三方的解决方案可以很容易地集成到 OpenView 系统框架中，为用户和应用开发商提供一个灵活的解决方案，以适应不断增长、多厂商产品混杂的、分布式企业计算环境。

HP OpenView 管理框架包括以下四个部件：

① 用于网络管理的网络节点管理器；

② 用于操作和故障管理的 IT/Operation；

③ 用于配置和变化管理的 IT/Administration；

④ 用于资源和性能管理的 HP PerfView/MeasureWare 和 HP NetMerix。

3. Network Node Manager

网络对现代企业来说像“血脉”一样重要。一旦网络瘫痪，后果不堪设想。所以，企业必须主动管理网络，以便使网络能够全天候正常运作，只进行被动的网络管理是不能满足可用性要求的。同时，企业还必须管理不断变化的技术，不断适应网络的动态发展，并将各种网络环境集成在一起。HP OpenView 不但意识到了这些问题，还开发出了更强大的网络管理器（Network Node Manager，NNM）来解决这些问题。这种先进的管理解决方案能帮助企业主动管理网络环境，并不断扩展和更新基础设施。

HP OpenView的NNM以其强大的功能、先进的技术、多平台适应性等特点，在全球网络管理领域得到了广泛的应用。NNM是HP OpenView管理框架的基石，是第三方开发和发布网络管理应用系统的网络管理平台，也是最终用户监控和管理TCP/IP网络的解决方案。无论是一个小的工作组还是一个校园网，或者是一个分布式多厂商网络环境的大型企业网，NNM都能以高度的自动化监控整个网络环境。NNM可以通过IP地址、IPX地址和MAC地址发现网络设备，能够运行SNMP、HTTP协议的网络设备或Web服务器。NNM还提供了一个图形界面的SNMP管理应用，能够支持故障管理、配置管理和性能管理。

NNM是OpenView家族中的主力网络管理系统软件。NNM的分布式发现与监控机制，允许把处理程序就近安装于用户所处环境的本地域。通过部署多套NNM，系统管理员就可以通过采集器与管理器管理企业的IT环境。采集器与管理器均可使用全版NNM（不限管理节点数）或简版NNM（不超过100个管理节点），这样一个可伸缩的解决方案可以适应不同规模网络与组织需要，可减少网络流量，从而最大限度地节约网络带宽，把带宽留给真正需要传送的商用信息。NNM可以成功地监测和控制计算环境，它还提供一套有力的工具，以便管理从工作组到整个企业的分布式多厂商的网络与系统。NNM可以用来处理各种技术、应用以及用于建立现在或未来的、本地或全球性的网络设备。它能够为用户节省网络资产，并最大限度地利用已有资源。

特别需要指出的是，2004年3月发布的HP OpenView NNM 7.0.1中文版基于Web的报告提出了有关网络性能、可用性、库存和异常情况的趋势。对这些历史数据进行分析可以清楚地了解网络中各种设备的状况，从而使网络管理中能够在网络发生故障前采取前瞻性预防措施。OpenView NNM 7.0.1中文版还能够把拓扑、事件和SNMP收集的数据都存储在一个外部数据库中，以便进一步进行分析。此外，OpenView 7.0.1中文版能够在监控和管理关键网元的同时，定期进行关键业务网络管理信息的备份。它甚至还可以进行自我监控以确保正常运行和工作，从而保证用户的网络得到不间断的监控、持续可用和正常运行。

7.3.3　Sun Net Manager

Sun 公司的 Net Manager 是 Sun 平台上杰出的网络管理软件，有众多第三方的支持，可与其他管理模块连用，管理更多的异构环境。尤其在国内的电信网络管理领域中有十分广泛的应用。

Sun Net Manager 的分布式结构和协同式管理独树一帜。Sun Net Manager 具有如下特点。

1．分布式管理

Sun Net Manager 是基于分布式的管理结构，有三种分布式的管理模式：外部到中央的管理方式、分级的管理方式、协同的管理方式。这种分布式管理模式将管理处理的负载分散到网络上，不仅减少了作为管理者主机的负担，而且降低了网络带宽的开销，为用户提供了管理来自不同厂商的、规模和复杂程序可变的网络及系统的功能。

2．协同管理

Sun Net Manager 工具和 Cooperative Console 工具共同实现了协同管理。协同管理将一个小型企业网管按其业务组织或地域分为若干区，每个区都有自己独立的网管系统。但有关区之间可以互相作用，区与区之间的关系可根据实际需要灵活配置。

3．全面支持 SNMP

Sun Net Manager 包括了所有基本的 SNMP 机制，同时还支持 SNMPv2，而且允许配置 SNMP 陷阱(trap)为不同的优先等级，在网络中出现故障时，能够按优先级传送到其他 Solstice 或非 Solstice 的平台上。

4．具有较强的安全性

Sun Net Manager 在配置 Cooperative Console 时，提供了 ACL 法保证被授权接受管理数据的用户能够得到相关信息。另外 Cooperative Console 还提供了只读控制台的功能，使得一般的网管人员只能在只读方式下操作，不能增加、移动或删除网络元素。

5．具有强大的应用接口

Sun Net Manager 既提供了用户工具，又提供了开发工具，以补充 Sun Net Manager 中包含的用户工具的功能。开发工具是三个应用编程接口（APIS），它们分别是管理者服务 API（Manager Services API）、代理服务 API（Agent Services API）和数据库/拓扑图 API（Database/topology Map Services API）。

6．具备丰富的用户工具

Sun Net Manager 的用户工具很丰富，主要有如下几种。

① 管理控制台（Management Console）：控制台是一个中央管理应用，它具有面向用户的图形接口，使管理人员能够启动管理任务并显示管理信息。通过控制台，管理员能够解决放远销类型的管理问题，如设备配置设定、故障报警和诊断、网络资源的监控与控制、系统网络容量规划和管理等。系统启动后，屏幕出现 Sun Net Manager Console 窗口，之后便可以利用网络管理软件对系统进行监控，达到网络管理的目的。

② 搜寻工具（Discover Tool）：搜寻工具能够自动发现 IP 和 SNMP 设备，写入管理数

据库，并构造网络的图形表示，为建立、显示和配置数据库节省了时间。

③ 版面排列工具（Solstice Domain Manager）：版面排列工具能够从管理数据库中读取信息，并自动将设备和连接按下列三种版面排列方式之一显示，这三种方式分别是层次式、弧形式、对称式。版面排列工具还提供了一个浏览信息窗口，通过这个窗口可以知道目前浏览的是网络的哪个部分。版面排列工具还支持拓扑图的打印。

④ IPX 搜寻工具（IPX Discover）：Sun Net Manager 2.3 能够输入已存在于 Novell Manage Wise 网络管理控制台的拓扑图，因此它能够浏览到 NetWare LAN 的计算机。Sun Net Manager 2.3 能够通过 Novell Management Agent 2.0 管理 NetWare 服务器的文件系统、打印队列、用户组和其他属性。

⑤ 浏览工具（Browser Tool）：浏览工具可用来检索和设置被管设备 MIB 中的 SNMP 属性。管理员还能从特定属性中得到更多信息，包括属性名、属性类型、存取信息和网络地址。

⑥ 图形工具：图形工具通过多维护的、可比较的图形来表示动态的或日志化的网络信息。例如，使用图形来显示服务器的 CPU 利用率、负载峰值等信息。这些有利于鉴别统计趋势，诊断潜在的网络问题或瓶颈。

7.4 基于 Windows 的网络管理

7.4.1 SNMP 服务

随着 SNMP 网络管理上的广泛应用以及 Windows 的广泛流行，Windows 已经成为 SNMP 应用和开发的一个重要平台。因此了解和掌握 SNMP 在 Windows 中的配置和应用非常必要。

首先看一下 SNMP 在 Windows 平台中的应用。SNMP 是 TCP/IP 协议组的一部分，最早被开发出来是为了监视路由器和网桥，并对它们进行故障排除。SNMP 提供了在如下系统之间监视并交流状态信息的能力：运行 Windows NT 内核的计算机、小型或大型计算机；LAN Manager 服务器；路由器、网桥或有源集线器；终端服务器。

基于 Windows 的 SNMP 使用由管理系统和代理组成的分布式体系结构。有了 SNMP 服务，基于 Windows 计算机就可以向 TCP/IP 上的 SNMP 报告其状态。当主机请求状态信息或发生重大事件（例如，当主机的硬盘空间不足）时，SNMP 就会把状态信息发送到一个或多个主机上。

Windows 是 SNMP 理想的开发平台。Windows 支持 TCP/IP 网络和图形用户接口，利用这些特性开发 SNMP 管理系统和代理软件非常方便。Windows 也支持并发的系统服务，一个 Win32 系统服务可以在后台运行，它的开始和停止无须系统重启动。SNMP 就是运行于 Windows 之上的一个系统服务软件。

系统服务是一种特殊的 Win32 应用软件，它通过 Win32 API 与 Windows 的服务控制管理器接口，一般在后台运行。它的作用是监视硬件设备和其他系统进程，提供访问外围设备和操作系统辅助功能的能力。系统服务在系统启动时或用户登录时自动开始运行。

Microsoft SNMP 服务向运行 SNMP 管理软件的任何 TCP/IP 主机提供 SNMP 代理服务。SNMP 服务包括：处理多个主机对状态信息的请求；当发生重要事件（陷阱）时，向多个主机报告这些事件；使用主机名和 IP 地址来标志向其报告信息和接收其请求的主机；启用计数器监视 TCP/IP 性能。

写入到 Windows Sockets API。这允许将管理系统的调用写入到 Windows Sockets。通过用户数据报协议（UDP 端口 161）发送并接收消息，并使用 IP 支持对 SNMP 消息的路由。提供扩展代理动态链接库（DLL），来支持其他 MIB。第三方可以开发他们自己的 MIB，与 Microsoft SNMP 服务一起使用。包括 Microsoft Win32® SNMP 管理器 API，以便简化 SNMP 应用程序的开发。

Windows 的 SNMP 服务包括两个应用程序：一个是 SNMP 代理服务程序 SNMP.EXE，另一个是 SNMP 陷入服务程序 SNMPTRAP.EXE。SNMP.EXE 接收 SNMP 请求报文，根据要求发送响应报文，能对 SNMP 报文进行语法分析，对 ASN.1 和 BER 编码/译码，也能发送陷入报文，并处理与 WinSock API 的接口，Windows 98 也包含这个文件。SNMPTRAP.EXE 监听发送给 Windows NT 主机的陷入报文，然后把其中的数据传送给 SNMP 管理器 API，Windows 98 没有该陷入服务文件。

Windows 的 SNMP 代理服务是可扩展的，即允许动态地加入或减少 MIB 信息。这意味着程序员不必修改和重新编译代理程序，只须加入或删除一个能处理指定信息的子代理即可。Microsoft 把这种子代理叫做扩展代理，它处理私有的 MIB 对象和特定的陷入条件。当 SNMP 代理服务接收到一个请求报文时，它就把变量绑定表的有关内容送给对应的扩展代理。扩展代理根据 SNMP 的规则对其私有的变量进行处理，形成响应信息。

SNMP API 是 Microsoft 为 SNMP 协议开发的应用程序接口，是一组用于构造 SNMP、扩展代理和 SNMP 管理系统的库函数。

SNMP陷入服务监视从WinSocket API传来的陷入报文，然后把陷入数据通过命名管道传递给SNMP管理API。管理API是Microsoft开发SNMP管理应用提供的动态链接库，是SNMP API的一部分。管理应用程序从管理API接收数据，向管理API发送管理信息，并通过管理API与WinSocket通信，实现网络管理功能。

7.4.2 SNMP 服务运行

若要确保 SNMP 服务正常运行，需要在以下几个方面做好准备工作。

① 主机名和 IP。在安装 SNMP 服务之前，对于要向其发送 SNMP 陷阱或系统中响应 SNMP 请求的主机，要确保拥有其主机名或 IP 地址。

② 主机名解析。SNMP 服务使用一般的 Windows 主机名解析方法，将主机名解析为 IP 地址。如果使用主机名，一定要确保将所有相关计算机的主机名到 IP 地址的映射添加到相应的解析源（如 Hosts 文件、DNS、WINS 或 Lmhosts 文件）中。

③ 管理系统。管理系统是运行 TCP/IP 协议和第三方 SNMP 管理器软件的所有计算机。管理系统向代理请求信息。要使用 Microsoft SNMP 服务，需要至少一个管理系统。

④ 代理。SNMP 代理向管理系统提供所请求的状态信息，并报告特别事件，是一台运行 Microsoft SNMP 服务的、基于 Windows 的计算机。

⑤ 定义 SNMP 团体。团体是运行 SNMP 服务的主机所属的小组。团体由团体名识别。对于接收请求并启动陷阱的代理以及启动请求并接收陷阱的管理系统，使用团体名可为它们提供基本的安全和环境检查功能。代理不接受所配置团体以外的管理系统的请求。

考虑到要与多个团体的SNMP管理器进行通信，SNMP代理可以同时是多个团体的成员。只有作为同一团体成员的代理和管理器才能相互通信。例如，Agent1 可以接收 Manager2 的消息并向它发送消息，因为它们都是 Public2 团体的成员；Agent2～4 可以接收 Manager1 的消息，并向它发送消息，因为它们都是默认团体 Public 的成员。

下面的步骤概括了 SNMP 服务如何对管理系统的请求作出响应。

① SNMP 管理系统使用一个代理的主机名或 IP 地址，将请求发送给该代理。该应用程序将请求传递给套接字（UDP 端口）161。使用任何可用的解析方法，包括 Hosts 文件、DNS、WINS、B 节点广播或 Lmhosts 文件，将主机名解析为 IP 地址。

② 建议包含如下信息的 SNMP 数据包：针对一个或多个对象的 get、get-next 或 set 请示；团体名和其他验证信息；数据包被路由到代理上的套接字（UDP 端口）161。

③ SNMP 代理在其缓冲区中接收该数据包。对团体名进行验证，如果团体名无效或数据包格式不正确，则将它丢弃。如果团体名有效，代理将验证源主机名或 IP 地址需要说明的是，必须对代理进行身份验证，才能接收来自管理系统的数据包，否则丢弃数据包。然后将请求传递到相应的 DLL，再将对象标志符映射到相应的 API 函数，然后调用此 API，DLL 将把信息返回给代理。

④ SNMP 数据包与所请求的信息一起被返回给 SNMP 管理器。

7.4.3 服务的安装与配置

SNMP 服务的安装方法同其他服务的安装方法类似，但是需要注意的是安装 SNMP 服务首先必须安装 TCP/IP 协议。

Windows 2000 系统下 SNMP 服务的安装和配置如下。

1. 安装 SNMP 服务

① 以管理者身份登录，在“控制面板”中选择“网络和拨号连接”并双击它，系统弹出“网络和拨号连接”窗口，选择 “高级”菜单下的“可选网络组件”。

② 系统弹出“可选网络组件向导”窗口，在“可选网络组件向导”窗口中的组件列表中选择“管理和监视工具”，单击“下一步”按钮。

③ 系统提示插入 Service Pack 3 光盘，将相应的光盘放入 CD-ROM 后，单击“确定”按钮。

④ 系统自动从 Service Pack 3 光盘中添加 SNMP 服务，并完成 SNMP 服务的安装。

2. 配置 SNMP 服务

① 在“控制面板”中双击“管理工具”选项，弹出“管理工具”窗口。

② 在管理工具窗口中双击“服务”选项。

③ 在服务窗口中选择 SNMP Service，并双击它，弹出“SNMP 服务属性”窗口，SNMP 服务使用的主要信息都在这个窗口中进行配置。

④ 选择“代理”选项进行代理配置。其中的联系人、位置和服务分别对应系统组中的三个对象 sysContact、sysLocation 和 sysServices。

⑤ 选择“陷阱”选项进行陷阱配置，需要配置的内容包括团体名和陷阱目标。其中团体名的输入要注意大小写，陷阱目标可以是 IP/IPX 地址或 DNS 主机名。

⑥ 选择“安全”选项进行安全配置，该部分内容是为发送需要认证的陷入报文而设置的。如果不选择“发送身份认证陷阱”选项，则任何团体名都是有效的。另外可以配置代理接受任何主机或只接受特定主机的 SNMP 包，可以在该选项中进行设置。

⑦ 上述内容设置完毕后，单击“确定”按钮，退出 SNMP 属性配置窗口，新的配置就起作用了。

7.4.4 SNMP服务的测试

在 SNMP 服务安装、配置完成后重新启动系统，SNMP 服务就开始工作，工作站就可以接受 SNMP 的询问了。假设一台 Windows NT 安装了 MIB-2 扩展代理和 LAN Manager 扩展代理，另外一台 Windows 98 也安装了 MIB-2 扩展代理，现在就可以向 SNMP 代理发出询问，并检查它的响应了。那么如何对 SNMP 服务进行测试呢？

Microsoft 提供了一个实用程序 SNMPUTIL，可以用于测试 SNMP 服务，也可以测试用户开发的扩展代理。

需要说明的是：SNMPUTIL 是用 Microsoft 的管理 API（MGMTAPI.DLL）写的，由于在 Windows 98 中没有管理 API，所以在 Windows 98 下不能运行。SNMPUTIL 是一个 MS-DOS 程序，需要在 DOS 命令窗口中运行。SNMPUTIL 的用法是：

```
usage：snmputil[get|getnext\walk]agentaddress community oid[oid…]snmputil trap
```

可以使用 SNMPUTIL 发送 GetRequest 或 GetNextRequest 报文，也可以用 SNMPUTIL 遍历整个 MIB 子树。一种较好的测试方法是同时打开两个 DOS 窗口，在一个窗口中用 SNMPUTIL 发送请求，在另一窗口中用 SNMPUTIL 接收陷入。

注意：SNMPUTIL 没有包含 set 命令，这是简化了的实现。

下面是使用 SNMPUTIL 测试 SNMP 服务的例子，假设代理的 IP 地址是 200.10.30.123，有效的团体名是 public，则可以完成以下测试。

① 用 GetRequest 查询变量 sysDesc（可省去 MIB-2 的标志符前缀 1.3.6.1.2.1）。

```
sumputil get 200.10.30.123 public 1.1.0
```

② 用 GetNextRequest 查询变量 sysDesc。

```
sumputil get 200.10.30.123 public 1.1.
```

③ 用 GetNextRequest 查询一个非 MIB-2 变量（.1.3.6.1.4.1.77.0.1.3 中的第一个“.”是必要的，否则程序就找到 MIB-2 中去了）。

```
sumputil getnext 200.10.30.123 public.1.3.6.1.4.1.77.0.1.3
```

④ 用 walk 遍历 MIB-2 系统组变量。

```
sumputil walk 200.10.30.123 public
```

⑤ 用 walk 遍历 MIB-2 树（可以接收到扩展代理 INETMIB.DLL 支持的所有变量的值）。

```
sumputil walk 200.10.30.123 public.1.3.6.12.1
```

⑥ 测试 SNMP 陷入服务。

首先在上述第二个窗口中启动 SNMPUTIL，监听陷入 snmputil trap，然后在另一个窗口中发送请求，使用一个无效的团体名。

```
sumputil getnext 200.10.30.123 test 1.1
```

由于没有团体名 test，所以团体名认证出错，陷入窗口中将出现一个认证陷入：

```
snmutil：trap generic=4 specific=0 from－＞200.10.30.123
```

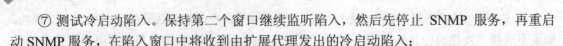

⑦ 测试冷启动陷入。保持第二个窗口继续监听陷入，然后先停止 SNMP 服务，再重启动 SNMP 服务，在陷入窗口中将收到由扩展代理发出的冷启动陷入：

```
snmutil：trap generic=1 specific=0 from－＞200.10.30.123
```

上述 SNMPUTIL 实用程序在 Visual C++安装盘中附带，用户使用时需要进行编译。另外在 Windows 2000/XP 的安装盘中附带了一个图形界面的测试程序 SNMPUTILG.EXE，用户可以安装这个测试工具。SNMPUTILG 的安装路径为 wupport/tools/setup.exe。

当完成安装后，启动程序，其使用方法同 SNMPUTIL，只不过其为图形化的界面。

7.5 综合企业管理平台 Unicenter TNG

7.5.1 Unicenter TNG 简介

CA 公司的 Unicenter TNG 是一个 Windows 环境的企业系统管理软件。Unicenter TNG 通过面向对象的技术、友好的管理界面、可扩充的体系结构提供了强大的集成管理。它能够提供一个统一简单、稳定可靠的网络管理平台，能够保证系统每周 7 天、每天 24 小时的全天候正常运行及网络资源的有效利用。

Unicenter TNG 作为一种集成化的企业管理解决方案，能够对分布式计算环境中的各种异构网络、系统、应用和数据库平台实施端到端的全面综合管理，不但适用于传统及现代分布式计算环境，同样也适用于 Internet 和内联网应用环境。

Unicenter TNG 通过使用代理（Agent）获得网络某段内资源信息来分担管理工作，从而实施管理策略和将网络轮询工作局部化，这样可使资源管理尽可能地离开企业网络主干线，而局限在特定的区域里。Unicenter TNG 将整个企业的 IT 资源管理按照企业内的特定业务划分开来，系统管理员只须管理影响每一业务处理的那些相关资源。这种管理角度和模式的转变大大减小了系统及网络管理的复杂性，同时这种新的管理方法不但可以监控系统资源，还可以查看这些资源间的相互关系。

Unicenter TNG 本身携带 SDK（Software Development Kits），在其结构的各个层次上均有相应的 API，例如 Agent Factory API、Enterprise Management API、World view API，为用户或开发伙伴提供了功能扩展工具。另外，CA 公司每年的专业发展讨论会 PDC（Professional Development Conference）还在不断地开发和增强 TNG 的新功能。

简单地讲，Unicenter TNG 主要有以下几个特点。

① 集中管理。Unicenter TNG 给用户提供了一个集中的管理方法，用户通过一台中心管理机，就可以看到所有管理的资源，包括这些管理对象的实时运行情况。即使这些对象的具体物理位置远隔千里，也可以通过端到端的管理模式进行管理。这种端到端的管理模式允许将任何系统或服务集成到其管理框架内，无任何限制。

② 强大的管理功能。Unicenter TNG 本身提供了强大丰富的管理功能，并可结合合作伙伴和客户的解决方案，为管理复杂的异构网络提供了一个全面的解决方案。通过 Unicenter TNG，网络管理员不仅能够发现问题，而且能够对发现的问题指定相应的处理策略进行自动处理。Unicenter TNG 能够管理系统中的所有资源，包括主机系统、连接设备的路由器和集线器、数据库服务器以及系统数据库等，同时还能实时监控这些资源的运行情况。

③ 强大的安全功能。Unicenter TNG 提供的安全管理手段包括防火墙、病毒检测、用户访问控制和数据备份等各个方面，提供了从网络系统到应用系统的整体安全管理策略，建立了统一的网络用户和网络资源的整体安全控制系统。

④ 开放性和可扩展性。Unicenter TNG 支持多种硬件平台（如 HP、IBM、UNIX 及 8/390 主机等）和操作系统（如 Windows NT、UNIX 和 MVS 等），同时也支持多种工业标准的网络协议（如 SNA、SNMP、TCP/IP、FTP 等）。Unicenter TNG 提供的框架结构，可以方便地和第三家产品集成，做到菜单和事件报警的高度集成。

⑤ 从任何地方管理一切。Unicenter TNG 还提供了基于 Web 的浏览界面，支持各种 Web 协议，能够从网络系统的任何地方管理系统资源。

⑥ 易于学习和使用。Unicenter TNG 为用户提供了丰富的图形界面，包括 2D、3D 及 Web 界面，通过这些图形界面，用户可以完成所有的管理功能，包括资源浏览事件的捕获、对事件的动作定义、用户及资产的定义等。另外全新的三维虚拟现实界面使用户可以更直观地监控和管理分布在网络中的各种资源。

7.5.2 Unicenter TNG 的基本管理功能

Unicenter TNG 提供的基本管理功能适用于管理各种规模的网络，能够使系统简单化、自动化。网络管理员可以根据自身需要来定制系统管理工作站。通常 Unicenter TNG 具有以下几个基本管理功能。

1．事件管理（Event Management）

Event Management Console 是一个高级的系统管理工具，用作事件管理的接口。该控制台是 Unicenter TNG Enterprise Management GUI 的一个特殊窗口，能让用户完整地查看网络系统上正在发生的事件处理。Event Management 让用户明确所需响应的事件，指定一个或多个自启动的动作。这意味着一旦用户定义了事件和相关动作，Uniceter TNG 遇到相关事件时系统就会自动执行指定的动作。

2．工作量管理（Workload Management）

Workload Management 对关键操作进行控制，如调度作业、监测作业顺序、监控作业的失败、坚持时间要求、将作业与机器相匹配，以便作业在机器上有充足的资源足以有效运行等。Workload Management 可以根据存储在工作量管理数据库中的策略的正确次序，自动在正确的时间来选择、调度和提交作业以及作业集。

3．作业跟踪（Job Tracking）

系统通过图形用户接口（Graphica User Interfaces，GUI）为用户提供调度活动的实时显示，包括作业状态（Job Status）、作业集状态（Jobset Status）和作业流。另外，GUI 提供了活动作业及作业集状态的当前显示，还显示最近完成的作业和作业集的信息。

4．自动存储管理（Automatic Storage Management）

Automatic Storage Management 具有与大型机同样强大的跨平台和跨网络的存储管理功能。自动存储管理可以对磁带、软盘、CD-ROM 以及类似的设备进行管理，还可以利用廉价磁盘冗余阵列（Redundant Array of Inexpensive Disks，RAID）进行并行存储。

5．安全管理（Security Management）

Security Management 功能提供了基于策略的安全工具，在操作系统上提供了进一步的安全保障。具体地讲，Unicenter TNG 实现了如下三个逻辑层次的安全。

① 验证。Unicenter TNG 在操作系统的登录和口令功能上增加了安全策略。比如，规定什么人、多长时间必须修改一次口令。

② 授权。Unicenter TNG 的安全策略会优先于操作系统的安全策略发生作用，而且可以生成用户组并创建组策略。Unicenter TNG 可以控制所有账号，包括 UNIX 的超级用户和 Windows NT 的管理员，它可以限制对网络操作系统的访问。

③ 审计跟踪。系统根据用户 IP 或文件访问权限创建审计跟踪。

6．问题管理（Problem Management）

Problem Management 可以自动进行问题的定义、跟踪和解决。部件定义系统的配置包括硬件、软件、计算机无关设备（如空调和暖气）、无线通信部件、安全系统以及想要跟踪的其他任何部件。问题定义被送入问题管理既可以由管理员手动执行，也可以由机器生成的问题跟踪工具（Machine Generated Problem Tracking，MGPT）自动实现。问题跟踪是基于 Unicenter TNG 事件管理功能监测的活动，可自动开出问题通知单（记录）。

7．性能管理（Performance Management）

Performance Management 是基于 GUI 的应用软件，将性能和资源使用数据图形化，并进行管理和配置。基本数据是由 Performance Agents 从分布式系统收集而来的。另外，性能管理应用还提供在线实时窗口，显示网络的系统性能。它们还可检查系统长期的历史性能，由此用户可发现性能瓶颈、问题趋势等。

7.5.3 Unicenter TNG Discovery

Unicenter TNG Discovery 能够实现对连网设备的自动检测，而且能用代表网络设备及其关系的对象填充 Unicenter TNG 对象库。对象一旦创建，就可以利用 Unicenter TNG 图形界面进行显示，并通过 Unicenter TNG 企业管理层的应用软件进行监控，比如安全和事件管理器、第三方管理器应用软件等。

Discovery 能生成一张网络图，但这张图是由 IP 网络的拓扑结构确定的。网络图可以真切地反映网络环境的物理结构，也可以通过 Business Process Views 定制 Unicenter TNG，反映网络环境的逻辑结构。

通常在使用 Unicenter TNG 时都会给生成的网络结构图增加一个背景，这个背景就是网络所处的地理位置。

Unicenter TNG 提供了一些较为常用的背景图形，用户可以进行选择。要增加背景图案，必须处在 Design 模式下，然后在二维窗口顶部的菜单中选择 Map，再从 Map 菜单中选择合适的选项，其中包括的选项有大陆（Continents）、国家（Countries）、地区（Regions）、子地区（Sub-Regions）以及组（Groups）。然后拖动对话框上的滚动条，选中想要选择的图形，然后单击“OK”按钮。所选择的背景图案就会在网络结构图下面显示出来。

通过网络图，可以查看各个网络设备的详细信息，方法是将鼠标移到要查看的网络设备上，单击鼠标右键，从弹出的快捷菜单中选择“Open Details”子菜单，会弹出一个窗口。在该窗口中，有众多选项可供选择，例如，可以查看 SNMP 代理的配置信息。

另外在网络图中还可以查看网络设备中的 MIB-II 对象的信息，方法是将鼠标移到要看的网络设备上，单击鼠标右键，从弹出的快捷菜单中选择 Object View 子菜单，在弹出的窗口中，可以查看设备中所有 MIB-II 对象信息。如果对某个 MIB-II 对象不熟悉，可以通过该窗口查看该 MIB-II 对象的详细信息，方法是在窗口中选中某个 MIB-II 对象，单击鼠标右键，出现 Group Information 快捷菜单，选择该菜单，弹出该 MIB-II 对象组的信息，通过该窗口，可以知道 System 组包含 7 个对象。通过选择 Set Informat 单选按钮，可知道 System 组有 3 个可写对象，前面讲过，Unicenter TNG 提供了全新的三维虚拟现实界面使用户可以更直观地监控和管理分布在网络中的各种资源。方法是在程序组中选择 3D Map，可以进入三维虚拟现实世界，利用鼠标可以在三维环境中漫游。

在三维世界中单击鼠标，通过该界面，可以知道目前网络中存在一个子网。

在该界面中，用鼠标选择该子网图标，可以一步一步进入该子网的三维世界。

在该窗口中，可以发现该子网中存在 6 台网络设备，包括 2 台 Sun 设备、1 台 Windows NT 服务器、2 台 Windows NT 客户机、1 台网络打印机。通过该界面，还可以获得每个网络设备的详细信息，方法与二维图中的一致，这里不再赘述。

获得网络设备的另外一个方法是利用网络拓扑图，方法是在二维图形或三维图形界面中选择菜单 View 菜单下的 Topology Browser 选项，便可以获得网络的拓扑结构。

7.5.4 网络性能管理

利用 Unicenter TNG，不但可以监视网络上的被管理对象，还可以对这些对象的性能进行管理。Unicenter TNG 中有两个性能管理工具：一个是 ObjectView，另一个是 RMO。ObjectView 是实时测量单个网络部件性能的最佳工具；RMO（Response Management Option）可实现真正的端到端网络性能监控和对历史数据进行分析。

1. ObjectView

ObjectView 主要是一个性能工具，它基于代理对设备进行监视，提供得到的设备性能统计数据。它还可以提供基于设备 MIB 的配置信息。由于 ObjectView 考虑到了网络部件的测量以及隐藏在性能数据后面关系式的创建，使得这些数据即使对非技术人员来说都具有实际意义。

ObjectView 通常用来进行网络性能的监视，它给出了 ObjectView 连接的设备数、哪些接口关闭以及接收的数据包数。利用 ObjectView 提供的这些信息，可以很好地进行故障检测和性能监视。

利用 ObjectView，系统管理员可以使用不同类型的图、标尺或者表格，可视化显示被监视的网络设备。系统管理员可以选择需要显示的属性，然后把它增加到 Excel 或者 ObjectView 仪表盘 ObjectView Dashboard 中。

2. Response Management Option（RMO）

Unicenter TNG 的 Response Management Option 是一个客户机/服务器分布式网络性能管理工具，它可以检测服务的级别、设备容量的使用以及局域网段和服务器的错误，它还可以提供以太网、广域网和 Cisco 路由器的相关信息。

RMO 的历史数据库和对象库共享对象标志器，这使得它能够直接使用 Unicenter TNG 对网络环境的检测结果，并能提供非 IP 网络资源信息，而且能够将性能警报直接送往 Unicenter TNG 的对象库，并显示在网络结构图上，还可以通过 Unicenter TNG 的 Event Browser 进行访问。

RMO 利用不同的服务器从不同的网络区域收集数据，因此它可以管理很大的网络环境。RMO 的历史数据库包含间隔数据和每天、周、月与年的综合数据，它还可以提供历史的和实时的数据报表。

RMO 的工作方式是监视客户机/服务器的应用程序以及网络软硬件，然后利用已经建立的服务级别协议对它们进行比较。通过收集安装在网络中的响应管理器 Response Manager 或者 SNMP 代理（使用 RMON 和 MIN II 数据）得到网络性能统计数据，如果发现没有达到预先设定的目标性能，RMO 会报错。RMO 还可以用来建立网络容量的分配计划，利用 RMO 的数据，可以决定在什么时间以及怎样迁移工作站，分割被过度使用的资源，扩充或者增加文件服务器，提供更加有效的网关等。

7.5.5 网络安全管理

Unicenter TNG Security Management 安全管理部件是一种基于策略的安全系统，与本地操作系统的安全联合发挥作用。它是一种外部安全策略，不取代本地操作系统的安全。安全策略定义了什么操作是允许用户做的，对资源（应用程序、文件、系统功能和登录等）的访问要通过安全策略来控制，在 Unicenter TNG 同意操作之后，再激活操作系统的安全，提供附加的检查。

Security Management 部件是企业管理部件的一部分，实时安全监测功能可防止攻击并且避免它们引起损失。Security Management 的集成功能使得它能与企业管理部件功能协调工作。当检测到攻击时，触发事件，将事件发送到事件控制台的日志中去，并通知管理者。Security Management 的另一个特征是能够检测病毒，还能在检测到病毒时通知管理员。InocuLAN 是一个附加部件，它同 Unicenter TNG 一起，为服务器和客户机提供更强大的病毒检测功能。InocuLAN 不但可以扫描普通文件，还可以扫描系统加载的压缩文件，当检测到病毒时，病毒将会被自动清除。应该说 InocuLAN 是一种更高层次的病毒防护办法。

一次性登录（Single Sign-on）选项同 Security Management 一起，为在多个系统上注册的用户提供了一种有效的工具。用户不必记住不同的密码和登录过程，一次性登录选项允许用户只登录一次，通过鼠标单击就能访问用户授权的多个系统。每个系统的登录过程对于用户都是透明的。

作为企业管理部件的一部分，Security Management 在初始时安装。安装完 Unicenter TNG 后，Security Management 就可以使用了，但它只提供一些基本的安全管理功能。要扩展并提高它的能力，还要通过下面的附加步骤来完成。

① 检查安全管理选项和服务器/客户机参数选择。选择与需求相关的选项，并设置与环境相协调的值。

② 将本地操作系统上的用户 ID 信息加入安全管理数据库。

③ 验证安全策略。

④ 激活安全策略。

7.6 网络管理技术的新发展

7.6.1 网络管理技术的发展趋势

在过去的十几年中，由于IT技术的迅速发展，网络正在向智能化、综合化、标准化发展。先进的计算机技术、全光网络技术、神经网络技术正在不断地应用到网络中来，这也给网络管理带来了新的挑战。未来的网络管理应该进一步融入高新技术，建立成熟的网络管理标准，加快促进网络管理的一体化、智能化和标准化进程。

与网络技术本身日新月异的发展相比，网络管理技术的进步显得有点缓慢。功能单一、配置复杂、缺乏标准、耗资巨大是广大用户普遍不满的主要原因。

现行的网络管理技术大都属于第三层管理，其致命弱点是支持的网络设备不全，尤其是缺乏对交换型局域网以及广域网的有效支持。这类技术一般是通过安装在LAN各个网络设备上的代理软件收集有关状态信息，经汇总后提交网络管理人员进行处理。为此，网管产品开发商们都在想方设法研究改进措施。例如，HP OpenView不但支持更多类型的网络设备，还能对交换机进行管理，并得到了400多家硬件厂商的支持。这些厂商在向用户提供Windows或UNIX下的驱动程序的同时，还提供面向OpenView的网管代理软件。通过与Riversoft达成的协议，HP将在OpenView中内嵌Riversoft的网络管理操作系统（NMOS）。Riversoft公司是一家研发第二层网络管理技术产品的公司，该公司的高层人士认为，NMOS可能会成为第二层网络管理技术事实上的标准。据权威机构估计，NMOS能使网络崩溃的概率平均降低65%。在与HP结盟之后，Riversoft又相继与Cisco、Intel达成类似的协议，将其软件延伸至下一代无线网络管理和未来新的网络应用服务管理领域。

还有一些厂商通过其他办法来实现网络的第二层管理。Entuity Eye公司的网管产品将第二层管理特性与网络性能分析相结合，将影响网络性能的所有不同参数集成在一个监视窗口中。每个端口、设备和网段都有其对应的“状态百分值”或称“性能下降总指数”，该指数可以将网络的动态状态精确地告诉网管人员。

随着Internet技术的快速发展，应用服务供应商（Application Service Provider，ASP）应运而生，由ASP向广大用户提供配置、租赁、管理应用解决方案等多项服务。利用职权连接到Internet的服务器宿主应用程序，ASP的客户通过Web浏览器能够随时随地与远程可管理应用模块或应用软件包交互。但问题是：由于网络管理产品的技术标准迟迟不能确立，给ASP和用户带来了很多麻烦。虽然ASP服务商向用户提供了服务监视软件，用户可以借此确认所花的钱是否真的得到了相应的服务。但是，如果监视软件与用户其他管理软件不能很好地集成，那么该软件的性能和准确性就要大打折扣。作为一种过渡，很多厂商在产品研发中正向一种“概念信息模型”靠拢，并通过XML语言实现不同厂家产品的沟通，如CiscoWorks 2000。尽管XML语言不会实现各厂商产品间的彻底兼容，但它毕竟为各种产品间的对话提供了一种可行的手段。

网络的远程管理已被人们所熟悉，但最新的远程管理技术能让网络管理人员通过个人数字助理（Personal Digital Assistant，PDA）设备，或采用无线应用协议（Wireless Application Protocol，WAP）的移动设备实现对网络的管理。但这种远程管理其实还是受限的，这取决于网络故障部位或故障性质还能否为远程管理者提供一个基本的管理支持环境。因此让网络自行发现运行中的问题，自动排除一些网络故障，即将人工智能引入网络管理技术，这是开发商们一个新的研究方向。该系统能对各种网络故障进行判断，并具有自学习功能。Smarts 公司已在其 Incharge 系列网管产品中加入了人工智能技术。该产品实际上是专家系统的变体，基于既定的规则算法，是一种比较古老的人工智能技术。与传统的专家系统不同的是，Incharge 能够根据网络环境的不同自动进行升级，因此可以动态提升其性能。

随着网络种类的繁荣及网络技术的提高，网络管理工作日益复杂，未来的网络管理强调更好的接入控制，即加强不同用户、多媒体业务功能的管理。同时人工智能技术将应用于网络管理，未来的网络管理系统还将具有自学习能力和自我规划功能。现在，网络管理越来越受到人们的重视，相信随着 IT 技术的进步，网络管理技术将逐渐成熟并日臻完善。当然，无论网络管理技术进步到何种程度，都不能奢望出现让网络管理人员一劳永逸的网管工具。网络管理本身是一项极其复杂的工作，网管工具要考虑的问题比让计算机下棋或管理飞机的进出港要复杂得多。即使有了带有人工智能的网管工具，它也仅让网络管理变得容易一些，而不会全部代替人的工作。

7.6.2 基于 Web 的网络管理

作为一种全新的网络管理模式，基于 Web 的网络管理模式，简称为 WBM（Web-Based Management）。WBM 从出列伊始就表现出强大的生命力，以其特有的灵活性、易操作性等特点赢得了许多技术专家和用户的青睐，被誉为“将改变用户网络管理方式的革命性网络管理解决方案”。

1. WBM 简介

随着企业内部网（Intranet）的快速发展，其本身的结构也变得越来越复杂，同时也大大增加了网络管理的工作量，给网络管理员真正管理好内部网带来了很大的困难。传统的网络管理方式已经不适应当前网络发展的趋势。为此，基于 Web 的网络管理 WBM 模型应运而生。

一般内部网都运行于 TCP/IP 协议之上并且通过防火墙将其与外部 Internet 隔离。网络内部都建有 Web 服务器，它们通过与超文本标记语言（HTML）有关的协议与其他用户通信。内部网用户可以在任何一个网络节点或是网络平台上使用友好的、易操作的 Web 浏览器与服务器进行通信。除此以外，管理员还发现了 Web 技术的其他益处，例如，Browser/Server 计算模式与传统的 Client/Server 模式相比，更利于优化网络配置和降低网络扩展、维护费用。因为 Web 对计算机的硬件要求很低，因而管理员可以把很多的计算和存储任务转移到 Web 上去完成，允许用户依靠简单、廉价的计算平台去访问它们。这种“瘦客户机/胖服务器”模式降低了硬件要求并且提供给用户更大的灵活性。在网络管理领域，包括 IBM/Tivoli、Sun、HP 和 Cisco 等公司在内的主要网管系统供应商都竞相推出融合了 Web 技术的管理平台。

简单地讲，WBM 模型是在内部网不断普及的背景下产生的。内部网实际上就是专用的 World Wide Web，以 Web 服务器组建而成，主要用于组织内部的信息共享。内部网用户通过简单、通用的操作界面 Web 浏览器可以在任何地点的任何网络平台上与服务器进行通信。WBM 模型就是将内部网的技术与现有的网络管理技术相融合，为网络管理人员提供更具有分布性和实时性，操作更方便、能力更强的管理网络系统的方法。

WBM 网络管理模型的主要优点有以下几个方面。

① 提供了地址上和系统上的可移动性。在传统的网络管理系统上，管理员要查看网络设

备的信息，必须在网管中心进行网络管理的有关操作。而 WBM 可以使网络管理员通过 Web 浏览器在内部网的任何一台工作站上进行网络管理的有关操作。对于网络管理系统的管理者来说，在一个平台上实现的管理系统服务器，可以从任何一台装有 Web 浏览器的工作站上访问，工作站的硬件系统可以是专用工作站，也可以是普通 PC 机，操作系统的类型也不受限制。

② 具有统一的网络管理程序界面。网络管理中不必像以往那样学习和运用不同厂商的网络管理系统程序的操作界面，而是通过简单而通用的 Web 进行操作，完成网络管理的各项任务。

③ 网络管理平台具有独立性。WBM 的应用程序可以在各种环境下使用，包括不同的操作系统、体系结构和网络协议，无须进行系统移植。

④ 网络管理系统之间可无缝连接。管理员可以通过浏览器在不同的管理系统之间切换，比如在厂商 A 开发的网络性能管理系统和厂商 B 开发的网络故障管理系统之间切换，使得两个系统能够平滑地相互配合，组成一个整体。

2. WBM 的标准

为了降低网络管理的复杂性、减少网络管理的成本，WBM 管理的开放式标准必不可少，有两个 WBM 的标准目前正在酝酿之中，一个是 WBEM（Web-Based Enterprise Management）标准，另一个是 JMAPI（Java-Management Application Program Interface）标准。

（1）WBEM

基于 Web 的企业管理标准 WBEM 由 Microsoft 公司最初提议的，目前已经得到了 6 家网络厂商的支持。WBEM 是一个面向对象的工具，各种抽象的管理数据对象通过多种协议（如 SNMP）从多种资源（如设备、系统、应用程序等）中收集。WBEM 能够通过单一的协议来管理这些对象，被定位成“兼容和扩展”当前标准（如 SNMP、DMI 协议和 CMI 协议等），而不是替代它们。尽管 WBEM 事实上是一个 Web 应用，但它的真正目标是对所有网络元素和系统进行管理，包括网络设备、服务器、工作平台和应用程序。

WBEM 旨在提供一个可伸缩的异构的网络管理机构，它与网络管理协议（如 SNMP、DMI）兼容。WBEM 定义了网络管理的体系结构、协议、管理模式和对象管理器，管理信息采用 HTML 或其他 Internet 数据格式，使用 HTTP 传输请求。WBEM 包含以下三部分。

① HMMS（Hyper Media Management Schema）：一种可扩展的、独立于实现的公共数据描述模式。它能够描述、实例化和访问各种数据，是对各种被管对象的高层抽象。它由核心模式和特定域模式两层构成，核心模式由高层的类以及属性、关联组成，将被管理环境分成被管系统元素、应用部件、资源部件和网络部件。特定域模式继承了核心模式，采用其基本的语义定义某一特定环境的对象。

② HMMP（Hyper Media Management Protocol）：一种访问和控制模式的部件的协议，用于在 HMMP 实体之间传递管理信息，属于应用层的协议。由 HMMP 客户机向 HMMP 服务器发出管理请求，HMMP 服务器完成管理任务后进行响应。HMMP 客户可以是针对特定设备的管理进程，也可以是一般的交互式浏览器，它能够管理由 HMMP 管理的任何对象。HMMP 服务器可以有层次地实现其功能。在高层，HMMP 服务器具有复杂的对象存储作为对许多不同被管设备的代管；在低层，可以没有对象存储，仅仅作为 HMMP 的一个子集。HMMP 客户和服务器角色可以互换。

③ HMOM（Hyper Media Object Manager）： HMOM 的特色是 HMMP 客户要与指派的

HMOM 通信，由其完成请求的管理任务。这样可以减轻 HMMP 客户定位和管理多种设备的负担。

（2）JMAPI

Java 管理应用程序接口（Java Management Application Programming Interface，JMAPI）是 Sun 公司作为它的 Java 标准扩展 API 结构而提出的。JMAPI 的目标是解决分布系统管理的问题。JMAPI 是一种轻型的管理基础结构，它对被管资源和服务进行抽象，提供了一个基本类集合，除去字面上的意思外，JMAPI 更是一个完全的网络管理应用程序开发环境。它提供了一张功能齐全的特性表，其中包括创建特性表、图表的用户接口类，基于 SNMP 的网络 API，远程过程调用的结构化数据访问方式和类型向导等。

开发人员可以利用 JMAPI 具有完整性和一致性的公共管理，并可以通过对 JMAPI 的扩展，满足特定网络管理应用的需要。JMAPI 不仅仅是一个类库的集合，它还具有独特的网络管理体系结构。JMAPI 由浏览器用户界面、管理运行模块和被管元素三个部件组成。其中，浏览器界面是管理人员进行管理操作界面，用来管理视图模块、被管对象接口和支持 Java 的浏览器；管理运行模块对被管对象进行实例化，是整个管理的核心，由 HTTP 服务器、被管对象工厂、代理对象接口和通报分发器组成；被管元素指被管理的系统和设备，由代理对象构成。

现在人们花费许多精力扩展 Web 的范围和能力。但要让 Web 真正应用于网络管理，以取代传统的网络管理模式，还需要国际标准组织、网络设备供应商、网络管理系统供应商和用户做大量的基础工作。随着计算机网络和通信规模的不断扩大，网络结构日益复杂和异构化，网络管理也随之迅速发展。由传统的网络管理系统发展到基于 Web 的网络管理系统已经是时代不可逆转的潮流。网络在发展，网络管理也在发展，Web 技术正在悄悄地改变着网络管理的方式，让我们拭目以待 WBM 技术的发展。

3．WBM 的实现方式

有两种基本方案可以实现 WBM：一种是基于代理的解决方案，另一种是嵌入式解决方案。

（1）基于代理的解决方案

基于代理的 WBM 方案是在网络管理平台之上叠加一个 Web 服务器，使其成为浏览器用户的网络管理的代理者，网络管理平台通过 SNMP 或 CMIP 与被管设备通信，收集、过滤、处理各种管理信息，维护网络管理平台数据库。WBM 应用通过网络管理平台提供的 API 接口获取网络管理信息，维护 WBM 专用数据库。管理人员通过浏览器向 Web 服务器发送 HTTP 请求来实现对网络的监视、调整和控制。Web 服务器通过 CGI 相应的 WBM 应用，WBM 应用把管理信息转换为 HTML 形式返还给 Web，由 Web 响应浏览器的 HTTP 请求。

基于代理的 WBM 方案在保留了现存的网络管理系统的特征的基础上，提供了操作网络管理系统的灵活性。代理者能与所有被管设备通信，Web 用户也就可以通过代理者实现对所有被管设备的访问。代理者与被管设备之间的通信沿用 SNMP 和 CMIP，因此可以利用传统的网络管理设备实现这种方案。

（2）嵌入式解决方案

嵌入式 WBM 方案是将 Web 能力嵌入到被管设备之中。Web 服务器事实上已经嵌入到终端网络设备内部。每一个设备都有自己的 Web 地址，这样网络管理员就可以通过用 Web

浏览器和HTTP协议直接访问设备的地址来管理这些设备。代理的解决方案继承了基于工作站的管理系统和产品的所有优点，此外它还具有访问灵活的特点。因为代理服务器和所有的网络终端设备通信仍然通过SNMP协议，因而这种解决方法可以和只支持SNMP协议的设备协同工作。从另一方面来看，内嵌服务器的方法带来了单独设备的图形化管理。它提供了比命令行和基于菜单的Telnet更简单易用的接口，能够在不牺牲功能的前提下简化操作。

嵌入式WBM方案给各个被管设备带来了图形化的管理，提供了简单的管理接口。网络管理系统安全采用Web技术，如通信协议采用HTTP协议，管理信息库利用HTML语言技术，网络的拓扑算法采用高效的Web搜索、查询点索引技术，网络管理层次和域的组织采用灵活的虚拟形式，不再受限于地理位置等因素。

嵌入式WBM方案对于小型办公室网络来说是理想的管理方式。小型办公室网络相对来说比较简单，也不需要强大的管理系统和整个企业的网络视图。由于小型办公室网络经常缺乏网络管理和设备控制人员，而内嵌Web服务器的管理方式则可以把用户从复杂的管理中解脱出来。另外，基于Web的设备实现了真正的即插即用，减少了安装时间和故障排除时间。未来的内部网中，基于代理和嵌入式的WBM方案都将被采用。一个大型的机构可能需要采用代理方案进行全网的监测与管理，而且代理方案也能充分管理大型机构中的SNMP设备。同时，嵌入式方案也有强大的生命力，它在界面以及设备配置方面具有很大优势，特别是对于小规模的环境，嵌入式方案更具优势，因为小型网络一般不需要强大的管理系统。嵌入式的WBM方案由于提供了高度改良的接口，因而使企业网络安装和管理新设备更加方便。如果将以上两种方式混合使用，则更能体现二者的优点。

4．实现WBM的关键技术

实现WBM的技术有多种，最常用的是使用描述WWW页面的语言HTML。HTML可以构建页面的显示和播放信息，并可以提供对其他页面的超链接，图形和动态元素（如Java Applet）也可以嵌入到HTML页面中。因此用HTML页面提供WBM的用户信息接口是很理想的。

WBM的另一个关键技术是通过Web浏览器访问数据库。传统的Web不能直接访问数据库，但随着数据库发布技术的进步，这个问题已经得到了解决。现在已经有多种Web访问数据库的技术，其中公共网关接口（Common Gateway Interface，CGI）技术得到了较多的应用。CGI提供了基于Web的数据库访问能力。当WBM应用程序需要访问MIB时，可以利用CGI对数据库进行查询，并格式化HTML页面。

对WBM来说，还有一个重要的技术，即Java。它是一种解释性程序语言，也就是在程序运行时，代码才被处理器程序解释。解释器语言易于移植到其他处理器上。Java的解释器是一个被称为Java虚拟机（JVM）的设备，它可以应用于千变万化的处理器环境之中，而且可以被绑定在Web浏览器上，使浏览器能够执行Java代码。Java提供了一套独立而完备的程序Applet专用于Web。Applet能够被传送到浏览器，并且在浏览器的本地机上运行。Applet具有浏览器强制安全机制，可以对本地系统资源和网络资源的访问进行安全控制。

Java Applet对于WBM中的动态数据处理是一种有效的技术，它能够方便地显示网络运行的画面、集线器机架等图片，也能实时表示从轮询和陷阱得到的更新信息。

Java在WBM中还有一种应用，就是如果将JVM嵌入到一个设备之中，该设备就可以执行Java代码。利用这一点，可以将应用程序代码在工作站和网络设备之间动态地传递。

5. WBM 中的安全性考虑

WBM 是安全性对于网络本身的安全是至关重要的。一个安全的 WBM 系统要能够保证网络管理信息的保密性、完整性和真实性。保密性不仅涉及网管信息存放，更重要的在于网络管理信息的传输。信息的完整性是指通过网络对信息进行增删改以及对信息进行传递时要保证相关信息不能残缺不全或被人有意篡改。信息的真实性主要是指对通信双方的身份进行认证和鉴别，以防止对系统的非法访问、对信息的破坏以及通信双方对信息的真实性发生争议。

由于 WBM 控制着网络中的关键资源，因此不能容许非法用户对它的访问。一个安全的网络需要有防火墙将其与 Internet 隔离开，以保护企业内部网的资源，比如防止未经许可的外部访问运行 WBM。出于安全考虑，对服务器的访问可以通过口令控制和地址过滤来控制。从这个角度来看，WBM 也是一个基于服务器的需要保护的设备，只有内部网上的授权用户才能访问 WBM 系统。基于 Web 的设备在向用户提供易于访问的特性的同时，也可以限制用户的访问。管理员可以对 Web 服务器加以设置以使用户必须用口令来登录。网络管理员可能认为有些网络数据是敏感的，因而需要加密。通过使用 Web，只需在服务器简单地启用安全加密，用户就可以加密从浏览器到服务器的所有通信数据。服务器和浏览器就可以协同工作来加密和解密所有传输的数据，这相对于 SNMP 和 Telnet 的安全性而言，已经是一个不小的进步。WBM 方式并不和已经存在的安全性方式相冲突，如已经在 Windows 和 UNIX 中应用的目录结构、文件名结构等。另外，网络管理员还可以很方便地使用目前十分有效的安全技术来加强 Web 系统的安全，如数字签名、消息认证和身份认证等技术。

此外，Java Applet 的安全问题对 WBM 也很重要。因为 Java Applet 将字符串和数据暴露在光天化日之下，因此存在着被篡改的危险。尽管 Java Applet 具有一些安全保证措施，如被规定不能写盘、破坏系统内存或生成至非法站点的超级链接，但仍需要对其代码进行保护，以保证收到的 Java Applet 与原作完全相同。

7.6.3 基于 CORBA 技术的网络管理

CORBA（Common Object Request Broker Architecture）的中文意思是公共对象请求代理体系结构。CORBA 是对象管理组织（Object Management Group，OMG）为解决分布式处理环境下硬件和软件系统的互联互通而提出的一种解决方案。CORBA 的核心是对象请求代理 ORB。在分布式处理中，它接收客户端发出的处理请求，并为客户端在分布环境中找到实施对象，令实施对象接收请求，向实施对象传送请求的数据，对实施对象的实现方法进行处理，并将处理结果返回给客户。通过 ORB，客户端不需要知道实施对象的位置、编程语言、远程主机的操作系统等信息，即可实现对实施对象的处理。

简单地说，CORBA 是一个面向对象的分布式计算平台，它允许不同的程序之间透明地进行相互操作，而不用关心对方位于何地、由谁来设计、运行于何种软硬件平台以及用何种语言来实现等。CORBA 分布式对象技术正在逐渐成为分布式计算环境发展的主流方向，使用分布对象技术开发的系统具有机构灵活性、软硬件平台无关性、系统可扩展性等优点，特别适用于网络环境下的分布式系统开发，能够有效地解决异构环境下的应用互操作性和系统集成。

OMG 已经提出了基于 CORBA 的网管系统的体系结构，使用 CORBA 的方法可以实现基于 OSI 开放接口和 OSI 系统管理概念。可以预见，CORBA 将在网络管理和系统管理占有越来越重要的位置。自从OMG确定了CORBA规范的1.1版本以来，CORBA技术不断吸收各种新的思想，不断加以优化，CORBA 2.0规范的推出，实现了真正意义上的互操作性。在CORBA规范中，主要有以下内容。

① 接口描述语言（Interface Description Language，IDL）：在CORBA规范下，由IDL来标志对象的接口操作及其数据参数。它是一种描述性的框架语言，并且是独立于具体编程语言而存在的。

② 对象请求代理（Object Request Broker，ORB）：ORB提供了客户与对象实现之间进行透明通信的方法，也就是说通过ORB，对象可以透明地发出请求和接收响应。

③ 对象适配器（Object Adapter，OA）：OA位于ORB和对象实现之间，负责服务对象的注册、对象引用的创建和解释、对象实现服务进程的激活。

④ IDL桩和动态调用接口DII：IDL桩和DII都是客户端发送客户请求与PRB通信时客户方的代理。所不同的是IDL桩是为客户提供的静态调用方式，这种方式是基于客户预先知道服务器所提供的服务对象的接口信息，客户端仅需要把用户的请求进行编码，通过ORB发送到对象的实现端上。

⑤ IDL构架和动态构架接口DSI：类似于IDL桩和动态调用接口DII，IDL构架和动态构架接口DSI是服务器方用来处理从客户端ORB和OA传送来的请求，定位该请求的实现方法。其中，IDL构架是静态实现方式。

然而，CORBA在进一步扩大其应用领域的过程中，其局限性也逐渐暴露出来，例如，实时系统、服务质量、高速性能系统、多媒体应用以及事件的优先权排序和事件过滤等，CORBA不能直接为这些应用提供服务。为此，CORBA 3.0规范被推出，以弥补在以往应用中的局限性。CORBA 3.0增加了一些新的特性，如分布式组件模型（CORBA Component Model）与脚本语言、值传对象（OBV）、可移植对象适配器（POA）规范、异步消息规范、服务质量控制QoS、实时CORBA、与Internet技术的整合等。

在网络和系统管理的实现中较有影响的模型是SNMP和CMIP，这两个模型各有其优点，但同时又都存在着不足之处。通过前面的学习可以知道，SNMP在Internet上被广泛接受，它最主要的一个特点就是简单，但是在需要完成十分复杂的管理任务时，它就不能充分满足要求。许多通信厂商的网络结构是基于CMIP的，但是CMIP受到自身过于复杂以及标准化过程太慢的限制，至今仍未获得像SNMP那样广泛的支持。可以预见，这两种管理体系框架在很长时间内将会同时存在。

随着面向对象的分布式处理模型的出现，CORBA作为第三种解决方案被提出。CORBA提供了统一的资源命名、事件处理以及服务交换等机制。虽然它最初的提出是针对分布式对象计算，而并非针对网络管理任务的，但是在很多方面它都适合于管理本地的以及更大范围的网络。与现有的模型相比，CORBA提供的功能比SNMP更强大，而且不像CMIP那么复杂。此外，CORBA支持C++、Java等多种被广泛使用的编程语言，因此它已经迅速被大量的编程人员接受。通过CORBA，可以使自己的程序具有分布式的特点，而且不必在逻辑上有很大的变动。正因为如此，现在普遍认为，CORBA将会在网络管理和系统管理中占有越来越重要的位置。

利用CORBA进行网络管理，既可以用CORBA客户实现管理系统，也可以利用CORBA来定义被管对象，还可以单独利用CORBA实现严格完整的网络管理系统。但是为了发挥现有网络管理模型在管理信息定义以及管理信息通信协议方面的优势，一般是利用CORBA管理系统，使其获得分布式和编程简单的特性，而被管系统仍采用现有的模型实现。因此目前讨论基于 CORBA 的网络管理，主要是解决如何利用 CORBA 客户来实现管理应用程序以及如何访问被管资源，而不是如何利用 CORBA 描述被管资源。目前的问题是研究 SNMP/CORBA 网关和 CMIP/CORBA 网关，以支持 CORBA 客户对 SNMP 或 CMIP 的被管对象进行管理操作。

7.6.4 基于主动网的网络管理

传统网络的主要作用是在终端系统之间进行信息的传递，而对传递的信息内容并不关心。为了完成信息传递任务，需要进行一些处理，但这些处理仅限于对“分组头信息”进行解释，或执行电路的信令协议。这些处理的主要目的是选择路由、控制拥塞和保证服务质量 QoS。由于这些处理是在用户提出通信请求之后进行的，因此网络是“被动”发挥作用的。在现有的网络管理模型（如 CMIP、SNMP）中，采用管理者—网管代理模式，网管代理也是根据管理者的操作命令被动地工作。这使得管理者必须采用轮询的方式不断地访问代理者，增加了网络的业务量负荷，同时也限制了网络管理的实时性。

主动网技术就是让网络的功能成分更加主动地发挥作用。为此，它允许用户和各交换节点将自己订制的程序注入网络，在网络中主动寻找发挥作用的场所。为了能够执行用户注入的程序，要求交换节点具有对流经的数据内容进行检查并执行其中所包含的程序代码的能力。

在网络管理中应用主动网技术对解决现行网络管理模型中存在的问题很有帮助。例如，可以根据网络的运行情况，动态地移动网络管理中，使其更接近网络的心脏部位，以减小网络管理的时延，降低传递管理信息的业务量。又比如，可以设计具有特定功能的主动网分组，在分组中插入特定代码，使其成为网络管理的“巡逻兵”，在网络节点之间移动，监视网络中的异常情况；也可以让主动网分组携带处理故障的程序代码，一旦遇到特定的故障，便可及时调整故障节点状态，而不必等待管理中心的处理。

应用主动网技术进行网络管理已经引起了人们的重视，并正在逐步地应用于网络管理系统之中。现在已经提出了几种基于主动网技术的分布式网络管理模型。其中，比较有代表性的是委派管理（Management By Delegation，MBD）模型和移动代理（Mobile Agent，MA）模型。

7.6.5 TMN 网络管理体系的发展

近十几年来，在全时间范围内，电信技术、电信市场在不断进步、扩大。为降低网络成本，网络运营商引入多厂商设备，在得到利益的同时，也增大了电信网络管理的复杂程度。同时，为向用户提供高质量、高可靠性的电信服务，增强企业竞争能力，有效降低网络运营成本，电信运营商需要采用更先进的技术和自动化的管理手段进行支撑。因此，电信网络运行维护管理的重要性日益突出。面对日益复杂的电信网络及多种电信业务，传统的电信网络管理系统因为没有标准的互联接口，相互之间难以协调互通，难以共享网络及信息资源，已经不能适应现代电信网络运营管理的需要。在这种情况下，国际电信联盟 ITU-T 于 1985 年提出了电信管理网（Telecommunications Management Network，TMN）的概念。

TMN 的基本概念是提供一个有组织的网络结构，以取得各种类型的运行系统之间、运行系统与电信设备之间的互联，是采用商定的具有标准协议和信息的接口进行管理信息交换的体系结构。TMN 的目标是提供一个电信管理框架，采用通用网络管理模型的概念、标准信息模型和标准接口完成不同设备的统一管理。提出 TMN 体系结构的目的是管理异构网络、业务和设备，支撑电信网和电信业务的规划、配置、安装、操作及组织。从技术和标准的角度来看，TMN 是一组原则和为实现原则中定义的目标而制定的一系列的技术表和规范。

TMN 逻辑上区别于被管理的网络和业务，这一原则使 TMN 的功能可以分散实现。这意味着通过多个管理系统，运营者可以对广泛分布的设备、网络和业务实现管理。从逻辑上看，TMN 是一个由各种不同管理应用系统，按照 TMN 的标准接口互联而成的网络。这个网络在有限的点上与电信网接口，与电信网是管与被管的关系。

TMN 的复杂度是可变的，从一个运营系统与一个电信设备的简单连接，到多种运营系统和电信设备互联的复杂网络。TMN 在概念上是一个单独的网络，在一些点上与电信网相通，以发送和接收管理信息，控制它的运营。TMN 可以利用电信网的一部分来提供它所需要的通信。

TMN 采用 OSI 管理中的面向对象的技术对组成 TMN 环境的资源以及在资源上执行的功能块进行描述。

TMN 通过丰富的管理功能跨越多厂商和多技术进行操作，它能够在多个网络管理系统和运营系统之间互通，并且能够在相互独立的被管网络之间实现管理互通，因而互联的和跨网的业务可以得到端到端的管理。TMN 为电信网络和业务的管理提供信息传送、存储和处理的手段。TMN 可以提供管理端到端的电信业务所需要进行的信息交换的手段，所有类型的电信网和网元，如模拟网、数字网、公众网和专用网中的交换系统、传输系统、电信软件、网络的逻辑资源（如电路、通道或由其他资源支持的电信业务）都可能是一个电信管理网的管理对象。理论上对 TMN 的应用领域并不限制，因为 TMN 的建议还在不断地开发，但是许多应用领域的实际情况会限制 TMN 的实施。

TMN 自提出至今已有十几年，其本身也在不断地发展和完善。TMN 标准的制定及研究方向与电信业的建设发展、运营管理方式、管理要求都有着十分密切的关系。TMN 目前向以下几个趋势发展。

① 从网络管理向业务管理过渡。从用户的角度出发，各电信用户直接接触的市电信业务，关心的是电信运营商提供业务的质量；从电信运营商的角度出发，电信运营商所运营的网络最终目的是提供给各用户满意的业务及服务质量，不断扩大市场，提高竞争能力。因此，在市场驱动下，各电信运营商正在逐步从网络管理向业务管理过渡。业务管理包括：快速的业务引入和应用、多种业务的选择、高质量的客户服务以及管理自身网络的能力等。目前，ITU-T 等组织正在从事业务管理领域的标准研究，其中包括电子传单、故障单、安全管理、电信运营者内部故障单的交换、业务申请单交换、业务配置、业务监视、性能监控和计费应用等。

② 对异构系统进行综合管理。网络信息必须能够从网元管理层（EML）经由网络管理层（NML）传递到业务管理层（SML）和事务管理层（BML），这样高层才能获取准确的网络信息并据此作出相应决策，决策信息再反向传递给各个管理层。在多厂商环境下，网络运营系统之间、采用不同技术的网络管理系统之间应能够相互操作。这样，才能从单一的接口获取端到端的网络数据，网络故障才能被正确定位及自动清除。

③ TMN 实现的技术在不断发展。主要体现在以下几个方面：公共管理信息协议（CMOT）

作为遗留的 Q3 协议栈框架而被接受；TINA-C 与对象管理组织（OMG）正在发展分布式的 TMN，初步形成开放分布式处理（Open Distributed Processing，ODP）与开放分布管理体系（Open Distributed Management Architecture，ODMA）的方法和理论；独立于具体技术的操作平台正在发展中，例如：采用 Java 管理应用程序接口的 API（JMAPI）技术，采用 HMMS/P（Hyper Media Management Schema/Protocol）的 WEBM 技术，与 Java 的 CORBA 技术等。

④ 电子传单（Electronic Bonding）逐步应用。遗留系统与用户系统之间的内部连接通过 Manager/Agent 及公共的数据标准，应用电子传单技术的 X 接口可以完成连接功能。ATIS（Alliance for Telecommunication Industry Solutions）与网络管理论坛 NMF 正在从事故障单、本地号码可携、业务签署等方面的研究工作。

7.6.6 智能化的网络管理

1．基于专家系统的网络管理

（1）专家系统的分类

专家系统技术是最早被应用于网络管理的智能技术，并且已经取得了很大的成功。专家系统能够利用专家的经验和知识，对问题进行分析，并给出专家级的解决方案。专家系统从功能上可以定义为在特定领域中具有专家水平的分析、综合、判断和决策能力的程序系统。它能够利用专家的经验和专业知识，在短时间内对提交给它的问题给出解答。

在网络管理中运用的专家系统按功能大致分为三类：维护类、提供类和管理类。维护类专家系统提供网络监控、故障修复、故障诊断功能，以保证网络的效率和可靠性；提供类专家系统辅助制定和实现灵活的网络发展规划；管理类专家系统辅助管理网络业务，当发生意外情况时辅助制定和执行可行的策略。

在实际应用的系统中，维护类专家系统占绝大多数。这类系统的大量应用，已经在大型网络的日常操作中产生了重要作用；现有的提供类专家系统大多数用于辅助网络设计和配置，最近也出现了用于辅助网络规划的系统；最常见的管理类专家系统是辅助进行路由选择和业务管理的系统，即在公共网络中监视业务数据和加载路由表，以疏导业务解除拥塞。除此之外也开发了一些特殊用途的系统，如逃费监察系统等。

专家系统要处理的问题可分为综合型和分析型两类。综合型问题是如何在给出元素和元素之间的关系的条件下进行元素的组合。这类问题常在网络配置、计费和安全中遇到。分析型问题是从总体出发考察各元素与总体性能之间的关系。这类问题常在网络故障诊断和性能分析中遇到。对分析类问题常采用“预测”和“解释”两种分析方法。预测法根据网络中各网络原色的性能推测网络的总体性能，是网络性能分析的常用方法。解释法则根据观察到的网络元素及其性能推测网络元素的状态，是网络故障诊断的常用方法。

网络管理专家系统有脱机和联机两种类型。脱机型专家系统是简单的类型，当发现网络存在问题以后，利用脱机型专家系统解决问题。专家系统根据询问网络的配置情况和观察到的状态，对得到的信息进行分析，最后给出诊断结果和可能的解决方案。脱机型专家系统的缺点是不能实时地使用，只能用于问题的诊断，而网络是否已经发生问题却要由人来判断。联机型专家系统与网络集成在一起，能够定时监测网络的变化状况，分析是否发生了问题以及应该采取什么行动。

（2）专家系统的能力

专家系统一般由知识库、规则解释器（推理机）和数据库三个部分组成。知识库中存放“如果：<前提>，于是：<后果>”形式的各种规则。数据库中存放事实（如系统的状态、资源的数量）和断言（如系统性能是否正常）。当<前提>与数据库中的事实相匹配时，规则将让系统采取<后果>中指示的行动，通常是改变数据库中的断言，或向用户提问将其回答加到数据库中。

网络管理专家系统在满足网络管理的任务和要求的同时，还应具备下列几种能力。

① 具有处理不确定性问题的能力。网络管理就是要对网络资源进行监测和控制。为了完成这个任务，网络管理专家系统不仅需要了解网络的局部状态，还要了解网络的全局状态。但是这一点是很难满足的，因为网络的状态时刻都在变化，由于状态信息的获取和传递需要时间，当状态信息提供给专家系统时，有些已经过时了。这就是说，网络管理专家系统只能根据不完全和不确切的信息进行推理。

② 具有协作能力。由于网络管理任务很重，需要的功能也很多，因此在一个网络管理系统中往往需要有多个网络管理专家系统，每个专家系统面向特定的功能领域。由于在管理中，不同功能领域中的功能相互之间是有关系的，这就需要网络管理专家系统也要有相互协作的能力。

③ 具有适应分布变化的能力。网络是一个不断变化的分布式系统、网络管理专家系统必须能够适应这一特点。联机的网络管理专家系统要利用现有网络管理模型中的轮询机制及时地获取网络的最新状态，以便及时发现问题和给出解决方案。

（3）专家系统的应用

目前，应用最广的是故障管理专家系统。故障管理包含三个相关的功能，故障检测、故障诊断和故障修复，这也是专家系统所要提供的功能。故障检测包括通过检测数据进行故障告警和根据性能数据预测故障两个方面。故障检测的基本功能就是识别并忽略那些表面异常但对检测没有参考意义的信息，以减少错误告警。这样的能力普通人是不具备的，而有经验的专家却能作出准确的判断；故障诊断包括故障的确认和定位，为此系统要采取多种措施，包括运行诊断程序、分析性能统计数据、检查日志等，通过历史数据和当前数据进行推理判断，这些工作可以由专家系统进行知道和完成；故障修复中的一个问题是如何使故障产生的损失最小。解决这个问题既要考虑本地的情况，也要考虑全网的情况。为了尽快恢复业务，需要选择业务的恢复路由。这些问题往往难以通过解析的方法获得满意的解决，而专家的经验和知识却十分有效。利用专家系统，可以对不同的方式进行权衡，使故障修复的措施得到优化。

在配置管理中，资源分配的优化是一个非常复杂的问题。即使对于规划设计阶段的“静态”网络，诸如如何分配交换机以及骨干网的容量等问题也要花费大量的研究资金和人力。将专家系统用于网络规划设计中的优化资源分配已经取得了成功，而对于运行中的“动态”网络，预先确定的资源分配优化规则往往不能提供理想的网络配置方案。专家系统除了支持预先确定的针对偶然时间的处理策略外，还可采用启发式的方法提供比较理想的网络配置方案。

在性能管理中，通过监测到的性能数据对网络的性能状态进行分析是一项复杂的工作。单纯采用解析的方法是不够的，一般需要有专家的分析和判断。这类专家系统需要着重研究专家系统的数据驱动问题和网络在不同性能指标下的状态变化。性能分析专家系统应能察觉网络在进入低性能甚至故障之间的细微变化，以便及时采取启动故障管理或新能管理的功能，减小和避免损失。为了能够发现这样的细微变化，专家系统需要支持基准状态的和不可接受状态的两种操作。

在安全管理领域，也有许多适合于专家系统发挥作用的场合。通过建立专家级的访问控制规则保护网络资源以及网络管理系统便是典型的应用。普通的防火墙系统通过设定严格的访问控制规则来保护网络资源，但这种做法常常会使一些合法的操作也受到限制。而专家系统的方法便于设定智能的灵活的访问控制规则，既严格有效地阻止非法侵入，又不对合法操作产生限制。

计费管理是目前唯一没有采用专家系统技术的领域，但这并不说明专家系统在这个领域没有用武之地。也有人因此批评计费领域保守，有一种观点是现在计费系统的自动化水平已经很高，即使采用专家系统使其继续有所提高，但其安全性令人顾虑。

2. 基于智能 Agent 的网络管理

（1）智能 Agent 概念

智能 Agent 不仅仅是一个代理者，而是一个非常宽的概念。它泛指一切通过传感器感知环境，运用所掌握的知识在特定的目标下进行问题求解，然后通过效应器对环境施加作用的实体。这类实体具有下述特性。

① 自治性。Agent 的行为是主动的、自发的，Agent 有自己的目标或意图。根据目标、环境等的要求，Agent 对自己的短期行为作出计划。

② 自适应性。Agent 根据环境的变化自动修改自己的目标、计划、策略和行为方式。

③ 交互性。Agent 可以感知其所处的环境，并通过行为改变环境。

④ 协作性。Agent 通常生存在有多个 Agent 的环境中，Agent 之间良好有效的协作可以大大提高整个多 Agent 系统的性能。

⑤ 交流性。Agent 之间可以采用通信的方式进行信息交流。任务的承接、多 Agent 的协商、协作等都以通信为基础。

由以上对比可以看出，由 Manager 和 Agent 两个角色共同构成的网络管理实体所具有的能力，仅是智能 Agent 能力的一小部分。因此，用智能 Agent 来代替标准网络管理模型中的管理实体 Manager 和 Agent，是在现有的网络管理框架下，实现智能化的一个很好的方案。

分布式人工智能中的智能 Agent 是由知识和知识处理方法两部分组成的。知识是其自身可以改变的部分，而知识处理方法是其自身不可改变的部分。它的显著特征是“知识化”，因而被称为智能 Agent。

（2）智能代理网络管理结构

智能代理网络管理（Intelligent Agent Network Management，IANM）系统由通信接口、智能控制器、MIB 接口和知识库构成。通信接口接收外部环境的管理信息（来自其他 IANM 的请求及通报），由智能控制器根据这些管理信息及其自身的状态进行分析和推理，产生控制命令，通过 MIB 接口将控制命令变成对被管对象的操作，操作结果通过 MIB 接口返回智能控制器，然后通过通信接口向发来请求的 IANM 报告。上述活动与现有的 Agent 的活动是十分相似的。但是，除此之外更重要的活动是，IANM 可以自治地检测（被管对象及其自身的状态），经过分析推理后，对环境进行调整和改造，必要时将与其他 IANM 通信联络。

（3）基于 IANM 的网络管理模型

在基于 IANM 的网络管理模型中，每个网络节点配置一个 IANM，用于管理本地 MIB 和向本地的网络管理应用提供服务。IANM 之间通过通信网络和 Agent 通信协议相互通信，在必要时进行协同工作和远程监控。这个模型与现有的标准网络管理模型的主要区别是大部分网络管理任务依靠 IANM 本地网络管理应用可以在本地自治完成，而不必将管理信息传递到管理者处进行集中处理。只是在需要多 IANM 协同工作和远程监控时，才通过通信网络传递管理信息。因此这是一个分布式的、自治的、协同工作的网络管理模型。实现这样的模型，可以有效地降低网络中传递管理信息的负荷，提高网络管理的实时性。

3．基于计算智能的宽带网络管理

（1）计算智能简介

宽带网络具有业务种类多、容量大、处理速度快等特点。对于网络管理来说，业务种类多的特点显著提高了业务量控制的难度；容量大的特点要求网络要有很高的可靠性和存活性，故障自愈技术成为关键技术；处理速度快的特点要求网络管理的算法要有实时性，否则便无法与网络的数据传输速度相匹配。在功能方面，业务量控制、路由选择和故障自愈是宽带网络管理需要特殊研究和开发的三项技术。在研究和开发中，基于传统方法的技术遇到了很大的困难，主要有两个原因：一是业务种类多导致了从和业务特性过于复杂，传统的方法难以处理；二是实时性要求高，不适合采用复杂的解析方法。

在这种背景下，基于计算智能的方法受到了重视。计算智能是人工智能的一个重要分支，与传统的基于符号演算模拟智能的人工智能方法相比，计算智能是以生物进化的观点认识和模拟智能。按照这一观点，智能是在生物的遗传、变异、生长以及外部环境的自然选择中产生的。在优胜劣汰的过程中，适应度高的结构被保存下来，智能水平也随之提高。因此说计算智能就是基于结构演化的智能。

计算智能的主要方法有人工神经网络、遗传算法和模糊逻辑等。这些方法具有自学习、自组织、自适应的特征和简单、通用、适于并行处理的优点。由于具有这些特点，计算智能为研究和开发上述宽带网络管理中的关键技术提供了方法。

（2）基于神经网络的 CAC

呼叫接纳控制（Calling Admit Control，CAC）要根据对新呼叫和现有连接的 QoS 以及业务量特性的分析来进行。然而在大型 ATM 网络中，这种分析是非常复杂和耗时的。因为业务种类繁多，QoS 各异，并且因业务的同步关系、比特速率、连接模式、种类（话音、数据、视频、压缩与非压缩、成帧与非成帧）等都不尽相同，混合起来的业务更是十分复杂。解决这类问题，需要具有高速运算机制和对各种复杂情况的自适应能力。人们提出了基于三层前馈神经网络和反向传播学习算法（Back Promulgate，BP）的 CAC 模型，为在大型 ATM 网络中实现自适应 CAC 提供了一个较好的候选方案。

前馈神经网络是相对于反馈网络而言的，即在网络计算中不存在反馈。三层前馈网络是在输入和输出层之间含有一个隐含层，每层含有多个神经元的前馈网络。BP 学习算法是目前最重要的一种神经网络学习算法，在学习过程中，从任意权值 W 出发，计算实际输出 $Y'(t)$ 及其与期望的输出 $Y(t)$ 的均方差 $E(t)$。为使 $E(t)$ 达到最小，要对 W 进行调节。调节方法利用最小二乘法获得，即计算 E 相对于所有权重的 W_{ij} 的微分，如果增加一个指定的权值，会使E增大，那么就减小此权值，否则就增大此权值，在所有权值调节好了以后，再开始新一轮的计算和调节，直到权重和误差固定为止。

基于前馈神经网络实现CAC的基本原理是：将用户提供的业务量特性参数、要求的QoS参数以及信元到达速率、信元损失率、信元产生率、干线线路利用率和已接受连接数等交换机复用状态信号作为神经网络的输入，预测的QoS作为神经网络的输出。通过对大量历史数据的学习，计算和调整神经网络的连接权重，便可建立输入与输出之间的一个非线性关系。有了这样的关系，便可根据用户提交的业务量特性、要求的QoS以及当前的交换机复用状态来预测QoS，如果满足要求便可接受连接请求，否则便拒绝。

（3）基于遗传算法的路由选择

大多数生物体通过自然选择和有性生殖实现进化。自然选择的原则是适者生存，它决定了群体中哪些个体能够生存和继续繁殖，有性生殖保证了后代基因中的混合和重组。遗传算法（Genetic Algorithm，GA）是基于自然进化原理的学习算法。在这种算法中，以优胜劣汰为基础，进行策略的不断改良和优化。对环境的自适应过程，可以看做是在许多结构中搜索最佳结构的过程。遗传算法通常将结构用二进制位串表示，每个位串被称为一个个体。然后对一组位串（被称为一个群体）进行循环操作。每次循环包括一个保存较优位串的过程和一个位串间交换信息的过程，每完成一次循环被称为进化一代。遗传算法将位串视为染色体，将单个位视为基因，通过改变染色体上的基因来寻找好的染色体。个体位串的初始种群随机产生，然后根据评价标准为每个个体的适应度打分。舍弃低适应度的个体，选择高适应度的个体继续进行复制、杂交、变异和反转等遗传操作。就这样，遗传算法利用简单的编码技术和繁殖机制来表现复杂的现象，解决困难的问题。它不受搜索空间的限制性假设的约束，不要求连续性、单峰等假设，并且它具有并行性，适合于大规模并行计算。

遗传算法在宽带网络的路由选择中得到了应用。一个重要的例子是计算最优组播路由。组播是信息网络中一种传递信息的形式。随着Internet络上各种新业务的普及，这种传递信息的形式变得越来越重要。例如，在发送E-mail的时候，常常会把一封E-mail发向若干个接收者。最优组播路由选择问题可归结为寻找图上最小Steiner树问题。将发送者和所有接收者所在的节点称为必须连接的节点，其他节点称为未确定节点，而最终在最小Steiner树上的未确定节点称为Steiner节点，显然，如果确定了最小Steiner树上所有Steiner节点，就可以用最小生成树算法（Minimum Steiner Tree，MST）求出最小Steiner树，亦即得到了组播的最佳路由。

研究结果表明，MST的问题可以采用遗传算法来求解。算法的基本步骤如下。

① 求整个图中的所有节点集合与必须连接节点集合的差集，求得未确定节点集合。对此未确定节点集合用0和1进行编码，被定为Steiner节点的取1，否则取0，由此得到0和1的位串。不同的Steiner节点的选择方法对应不同的位串。

② 对于一个位串，值为1的位所对应的节点构成一个Steiner节点集合，将这个Steiner节点集合与必须连接节点集合合并形成一个新的节点集合 V′，对 V′用最小树算法求出Steiner树长度。若V′为非连通图，则将此情况下的Steiner树长度给予一个最大值。然后根据返回的Steiner长度值，通过适应度函数计算位串（方案）的适应度。如果适应度达到要求，则结束。

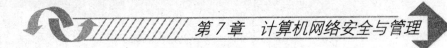

③ 利用适应度高的位串，通过复制、杂交、变异等遗传操作生成新的位串，转到第 2 步。此外，遗传算法也被用于求解网络的路由选择方案。通常，在网络级确定路由选择方法时应该考虑网络中各条线路上流量的动态均衡和最小时延。这是一个复杂度很高、动态性很强的问题。采用通常的解析方法虽然也能找到最优解的范围或可行解，但算法复杂，实时性难以得到保证。研究表明，遗传算法是解决这一问题的有效方法。

习　题　7

1. 简述 SNMP 的定义，它有哪些版本？
2. 简述 MIB 库的结构。

第 8 章　常见网络故障的排除

学习目标

了解计算机网络故障的产生与划分，熟练掌握计算机网络故障检测步骤及诊断工具。

主要内容

★　计算机网络故障的定义
★　计算机网络故障的产生与种类
★　计算机网络故障的检测与诊断

8.1　网络故障概述

8.1.1　网络故障概述

计算机网络是一个复杂的综合系统，网络在长期运行过程中总是会出现这样那样的问题。引起网络故障的原因很多，网络故障的现象种类繁多，本书主要针对常见小型局域网络经常出现的简单网络硬故障、软故障加以解析，并主要介绍使用 Windows 2000 Server 的自带工具进行解决的方法。

8.1.2　网络故障分类

按网络故障的性质、网络故障的对象或者网络故障出现的区域等方式来划分，网络故障有不同的分类。

1．按照网络故障性质分

按照网络故障的性质，网络故障可分为物理故障与逻辑故障两种。

物理故障也称为硬件故障，是指由硬件设备引起的网络故障。硬件设备或线路损坏、线路接触不良等情况都会引起物理故障。物理故障通常表现为网络不通，或时通时断。一般可以通过观察硬件设备的指示灯或借助测线设备来排除故障。

逻辑故障也称为软故障，是指设备配置错误或者软件错误等引起的网络故障。路由器配置错误、服务器软件错误、协议设置错误或病毒等情况都会引起逻辑故障。逻辑故障表现为网络不通，或者同一个链路中有的网络服务通，有的网络服务不通。一般可以通过 ping 命令检测故障，并通过重新配置网络协议或网络服务来解决问题。

2．按照网络故障的对象分

按照网络故障出现的对象，网络故障可分为网络服务器故障、线路故障和路由器故障。

网络服务器故障一般包括服务器硬件故障、操作系统故障和服务设置故障。通常主要的原因是操作系统故障。当网络服务故障发生时，首先应当确认服务器是否感染病毒或被攻击，然后检查服务器的各种参数设置是否正确合理。

线路故障是网络中最常见和多发的故障。线路故障时应该先诊断该线路上流量是否还存在，然后用网络故障诊断工具进行分析后再处理。

路由器故障也是网络中常见的，由于现在网络中路由器设备的大量采用，一旦出现故障就会使网络通信中断。路由器故障的现象有时和线路故障相似，因此在诊断时要注意区分处理。检测这种故障，需要利用专门的管理诊断工具，用它收集路由器的路由表、端口流量数据、计费数据、路由器 CPU 温度、负载及路由器的内存余量等数据。一般可以利用网管系统中的专门进程不断地检测路由器的关键参数，并及时给出报警。

3．按照引起网络故障的原因分

按照引起网络故障的原因，网络故障可分为配置故障、连通性网络故障、网络协议故障和安全故障。

（1）配置故障

配置故障指的是 Windows 2000 Server 网络系统及相关网络中的客户机配置内容不当引发的网络故障。在组建局域网的过程中，由于系统的配置十分复杂，很多重要的参数配置一旦被修改、破坏会导致网络系统故障。

常见的配置故障现象包括：

① 某些工作站无法和其他部位工作站实现通信；

② 工作站无法访问任何其他设备；

③ 只能 ping 通本机；

④ 当局域网连入 Internet 时，用 ping 命令检测正常，但无法上网浏览。

（2）连通性网络故障

连通性网络故障的现象是网络不通。连通性网络故障通常涉及网卡、网线、交换机、路由器等设备和通信介质。其中任何一个设备的损坏，都会导致网络连接的中断。设备电源的突然关闭或损坏是造成连通性网络故障常见原因之一。

（3）网络协议故障

局域网中使用的网络协议出现故障，网络中的工作站无法登录服务器。网络协议故障通常涉及网卡、网络协议安装、配置与管理等内容。其中任何一项故障，都会导致网络连接的中断。网络协议的配置错误是造成网络协议故障主要原因之一。

（4）安全故障

安全故障通常表现为系统感染病毒、存在安全漏洞、有黑客入侵等几个方面。当局域网连入 Internet 时，没有做好安全防护的网络体系很容易出现安全故障。对于这类故障的现象通常表现为网络流量突然变大，服务器的端口十分繁忙，系统负载极大，网络响应明显变慢。

另外局域网中没有设计完善的防病毒体系和安全机制也是导致网络安全故障的基本原因。很多时候局域网内部一处机器感染病毒，导致全网环境内扩散病毒，甚至产生许多不明原因的恶意攻击。例如，在日常的计算机维护中，为了方便计算机之间传送文件，对计算机的部分文件夹进行共享。文件共享后，表面上方便了维护，可是网络病毒一旦大肆扩散的时候，就难于清理和控制了。为了解决文件共享的需要，可以在局域网内做一个简单的 FTP 服务器，避免使用操作系统的文件共享服务。

总之，在日常的维护中，千万不要忽视一些技术上的细节问题。特别是在安全体系的设计问题上，一个很小的细节失误也会造成网络瘫痪。作为技术维护人员，应该养成细致的习惯，更要有网络整体安全的防范意识。

8.2 网络故障诊断

8.2.1 网络故障诊断概述

当网络出现故障时，学会分析网络故障的原因对解决网络故障有很大的帮助。

诱发网络故障的原因通常有以下几种可能：物理层中物理设备相互联接失败或者硬件及线路本身的问题；数据链路层的网络设备的接口配置问题；网络层网络协议配置或操作错误；传输层的设备性能或通信拥塞问题；上三层或网络应用程序错误。

网络故障的原因中，由网卡安装设置、计算机操作系统的网络配置因素造成的问题占了很大比例。

8.2.2 网络故障检测步骤

1. 重现网络故障

当出现故障时，首先应该重现故障，与此同时应该尽可能全面地收集故障信息，这是获取故障信息的最好办法。在重现故障的过程中还要注重收集以下方面的故障信息：

① 该网络故障的影响及范围；
② 故障的类型；
③ 每次操作都会让该网络故障发生的步骤或过程；
④ 在多次操作中故障是偶然才发生的步骤或过程；
⑤ 故障是在特定的操作环境下才发生的步骤或过程。

重现故障时，需要网管人员对网络故障具有比较好的判断能力，并做好适当的准备工作。有些故障在重现时，可能会导致网络崩溃，因此在决定进行网络故障重现时要注意这方面的问题。

2．网络故障分析与定位

重现故障后，可以根据收集的资料对故障现象进行分析。根据网络故障的分析结果确定故障的类型并初步定位故障范围，并对故障进行隔离。从故障现象出发，以网络诊断工具为手段获取诊断信息，确定网络故障点，查找问题的根源。

OSI 的层次结构为管理员分析和排查故障原因提供了非常好的组织方式。由于各层相对独立，按层排查能够有效地发现和隔离故障，因而一般使用逐层分析和排查的方法。通常有两种逐层排查方式，一种是从低层开始排查，适用于物理网络不够成熟稳定的情况，如组建新的网络、重新调整网络线缆、增加新的网络设备；另一种是从高层开始排查，适用于物理网络相对成熟稳定的情况，如硬件设备没有变动。无论哪种方式，最终都能达到目标，只是解决问题的效率有所差别。

具体采用哪种方式，可根据具体情况来选择。例如，遇到某客户端不能访问 Web 服务的情况，如果首先去检查网络的连接线缆，就显得太悲观了，除非明确知道网络线路有所变动。比较好的选择是直接从应用层着手，可以这样来排查：首先检查客户端 Web 浏览器是否正确配置，可尝试使用浏览器访问另一个 Web 服务器；如果 Web 浏览器没有问题，可在 Web 服务器上测试 Web 服务器是否正常运行；如果 Web 服务器没有问题，再测试网络的连通性。即使是 Web 服务器问题，从底层开始逐层排查也能最终解决问题，只是花费的时间太多了。如果碰巧是线路问题，从高层开始逐层排查也要浪费时间。

网络故障检测可以使用多种工具：路由器诊断命令、网络管理工具和包括局域网或广域网分析仪在内的其他故障诊断工具。查看路由表，是开始查找网络故障的好办法。基于 ICMP 的 ping、trace 命令和 Cisco 的 show 命令、debug 命令是获取故障诊断有用信息的网络工具。在路由器上，利用 show interface 命令可以非常容易地获得待检查的每个接口的信息；show buffer 命令提供定期显示缓冲区大小、用途及使用状况；show proc 命令和 show proc mem 命令可用于跟踪处理器和内存的使用情况。定期收集这些数据，在故障出现时可以用于诊断参考。

对故障现象进行分析之后，就可以根据分析结果来定位故障的范围。要限定故障的范围是否仅出现在特定的计算机、某一地区的机构或某一时间段。由于一些本质不同的故障其现象却非常相似，因此仅通过表面现象，往往无法非常准确地将故障归类、定位。

一旦确认局域网出现故障，应立即收集所有可用的信息并进行分析。对所有可能导致错误的原因逐一进行测试，将故障的范围缩小到一个网段或节点。在测试时，不能根据一次的结果就断定问题的所在，而不再继续进行测试。因为故障存在的原因可能不只一处，使用尽可能的方法，并对所有的可能性进行测试，然后做出分析报告，剔除非故障因素，缩小故障发生的范围。另外，在故障的诊断过程中，一定要采用科学的诊断方法，以便提高工作效率，尽快排除故障。在定位故障时，应遵循“先硬后软”的原则，即先确定硬件是否有故障，再考虑软件方面。

3．网络故障的排除

确定网络故障原因后，要采取一定的措施来隔离和排除故障。

如果故障影响整个网段，那么就通过减少可能的故障源来隔离故障。例如，将可能的故障源仅与一个网络中的节点相连，除这两个节点外，断开其他所有网络节点。如果这两个网络节点能正常进行网络通信，可以再增加其他节点。如果这两个节点不能进行通信，就要逐步对物理层的有关部分进行检查。

如果故障能被隔离至一个节点，可以更换网卡，重新安装相应的驱动程序，或是用一条新的双绞线与网络相连。如果网络的连接没有问题，那么检查一下是否只是某一个应用程序有问题，使用相同的驱动器或文件系统运行其他应用程序，与其他节点比较配置情况，试用该应用程序。如果只是一个用户出现使用问题，检查涉及该节点的网络安全系统。检查是否对网络的安全系统进行了改变以致影响该用户。

一旦确定了故障源，那么识别故障类型是比较容易的。对于硬件故障来说，最方便的措施就是简单的更换，对损坏部分的维修可以以后再进行。对于软件故障来说，解决办法则是重新安装有问题的软件，删除可能有问题的文件并且确保拥有全部所需的文件。如果问题是单一用户的问题，通常最简单的方法是删除该用户，然后从头开始或是重复必要的步骤，使该用户重新获得原来有问题的应用，这比无目标地进行检查、逻辑有序地执行这些步骤可以更快速地找到问题。

4．网络安全的检查

在网络故障被排除之后，还应该记录故障并存档，并且再次验证故障是否真正被排除。对于网络安全故障，在排除后还要详细分析产生的原因并对系统进行全面的安全检查，确保系统的安全。

对于 Windows 2000 网络系统的安全检查内容包括：

① 物理安全；

② 停掉 Guest 账号；

③ 限制不必要的用户数量；

④ 创建两个管理员账号；

⑤ 重命名系统 Administrator 账号；

⑥ 把共享文件的权限从“everyone”组改成“授权用户”；

⑦ 使用安全密码；

⑧ 设置屏幕保护密码；

⑨ 使用 NTFS 格式分区；

⑩ 必要时运行防毒软件；

⑪ 保障备份盘的安全；

⑫ 利用 Windows 2000 的安全配置工具来配置策略；

⑬ 关闭不必要的服务；

⑭ 关闭不必要的端口；

⑮ 打开审核策略；

⑯ 开启密码策略；

⑰ 开启账户策略；

⑱ 设定安全记录的访问权限；

⑲ 把重要敏感文件存放在另外的文件服务器中；

⑳ 不让系统显示上次登录的用户名；

㉑ 禁止建立空连接；
㉒ 到微软网站下载最新的补丁程序；
㉓ 关闭 DirectDraw；
㉔ 必要的时候使用文件加密系统 EFS；
㉕ 加密 temp 文件夹；
㉖ 锁住注册表；
㉗ 关机时清除掉页面文件；
㉘ 禁止从软盘和 CD-ROM 启动系统；
㉙ 考虑使用 IPSec。

8.3　故障诊断工具

故障的正确诊断是排除故障的关键，因此选择好的故障诊断工具是很重要的。这些工具，既有软件工具，也有系统命令，功能各异，各有长处。Windows 2000 Server 中包括几种常用的网络故障测试诊断工具，主要有 IP 测试工具 ping、测试 TCP/IP 协议配置工具 Ipconfig、网络协议统计工具 Netstat 和 Nbstat、跟踪工具 Tracert 和 Pathping。

这些工具需要在命令行方式下执行，运行前必须先启动命令行环境，即在 Windows 操作系统中打开 DOS 窗口，以字符串的形式执行 Windows 管理程序。在命令行操作界面中只能用键盘来操作。

8.3.1　启动命令行环境

单击“开始”按钮，选择“运行”命令，在弹出的“运行”对话框中输入“cmd”命令，可进入命令行界面，也可以按下 Windows 快捷键+R 直接打开“运行”对话框，再输入 cmd 命令，如图 8-1 和图 8-2 所示。

单击“确定”按钮，随后打开 DOS 窗口，如图 8-3 所示。

图 8-1　从开始菜单启动命令行

图 8-2　在运行对话框中输入命令 cmd

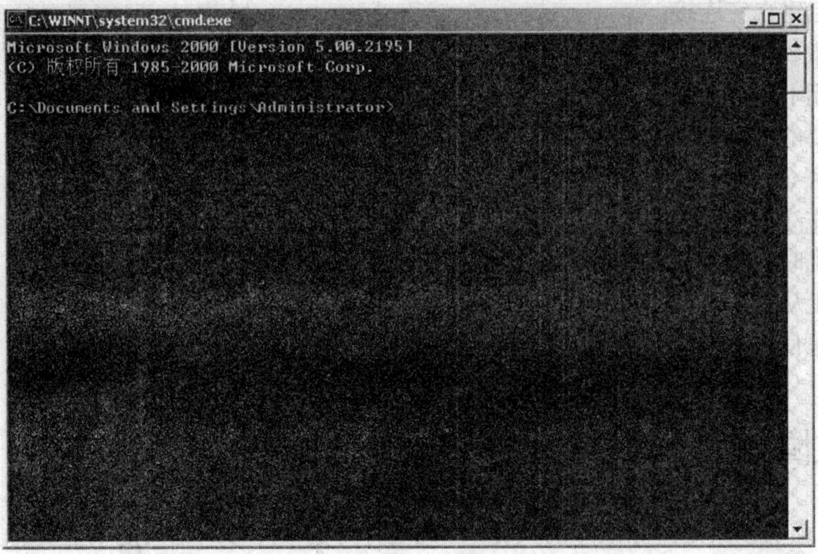

图 8-3　命令行环境

有时命令的参数过多，可以在 DOS 提示符号下输入“命令名/?”来获取相应的提示和帮助。执行完命令后，要退出时可以输入命令“exit”，按回车键后，将关闭命令窗口，返回 Windows 2000 Server 操作系统环境。

8.3.2　IP 测试工具 ping

ping 是 Windows 2000 Server 中集成的一个专用于 TCP/IP 协议网络中的测试工具。ping 是测试网络连接状况以及信息包发送和接收状况非常有用的工具，是网络测试最常用的命令。ping 命令用于查看网络上的主机是否在工作，它是通过向主机发送 ICMPECHO_REQUEST 包进行测试而达到目的的。

ping 命令把 ICMPECHO_REQUEST 包发送给指定的计算机，如果 ping 成功了，则 TCP/IP 把 ICMP ECHO REQUEST 包发送回来，以校验与本地或远程计算机的连接，其返回的结果表示是否能到达主机、向主机发送一个返回数据包需要多长时间。对于每个发送的数据包 ping 命令最多等待 1 秒。

使用 ping 可以确定 TCP/IP 配置是否正确以及本地计算机与远程计算机是否正在通信。此外，还可以使用 ping 工具来测试计算机名和 IP 地址。在本地的 hosts 文件中或 DNS 数据库中存在要查询的计算机名时，如果仅能够成功校验 IP 地址却不能成功校验计算机名，则说明名称解析存在问题。一般在使用 TCP/IP 协议的网络中，当发生计算机之间无法访问或网络工作不稳定时，都可以试用 ping 命令来确定问题的所在。

1. ping 命令的格式

ping 命令格式为：

```
ping [参数 1] [参数 2] […] 目的地址
```

其中，目的地址是指被测试计算机的 IP 地址或计算机名称。

2. ping 命令的常用参数

ping 命令常用参数的含义如下。

-t 指定在中断前 ping 可以向目的地持续发送回响请求信息。如果想要中断并显示统计信息，可以按 Ctrl+Break 组合键；要中断命令执行并退出，可以按 Ctrl+C 组合键。

-a：指定对目的地 IP 地址进行反向名称解析。如果解析成功，ping 将显示相应的主机名。

-n Count（计数）：指定发送回响请求消息的次数，默认值是 4。

-l Size（长度）：指定发送的回响请求消息中“数据”字段的长度（以字节为单位），默认值为 32，Size 的最大值是 65 527。

-f ：指定发送的“回响请求”中其 IP 头中的“不分段”标记被设置为 1（仅适用于 IPv4）。“回响请求”消息不能在到目标的途中被路由器分段。该参数可用于解决“路径最大传输单位（PMTU）”的疑难。

-i TTL：指定回响请求消息的 IP 数据头中的 TTL 段值。其默认值是主机的默认 TTL（生存时间 TTL 是 IP 协议包中的一个值，它告诉网络路由器包在网络中的时间是否太长而应被丢弃）值。TTL 的最大值为 225。注意该参数不能与-f 一起使用。

-v TOS：指定发送的“回响请求”消息中的 p 标头中的“服务类型（TOS）”字段值（只适用于 IPv4）。默认值是 0。TOS 的值是 0～255 之间的十进制数。

-r Count：指定 p 标头中的“记录路由”选项用于记录由“回响请求”消息和相应的“回响回复”消息使用的路径（只适用于 IPv4）。路径中的每个跃点都使用“记录路由”选项中的一项。如果可能，可以指定一个等于或大于来源和目的地之间跃点数的 Count。Count 的最小值必须为 1，最大值为 9。

-s Count：指定 IP 数据头中的“Intemet 时间戳”选项用于记录每个跃点的回响请求消息和相应的回响应答消息的到达时间。Count 的最小值是 1，最大值是 4。对于链接本地目标地址是必需的。

-j HostList（目录）：指定“回响请求”消息对于 HostList 中指定的中间目标集在 IP 标头中使用“稀疏来源路由”选项（只适用于 IPv4）。使用稀疏来源路由时，相邻的中间目标可以由一个或多个路由器分隔开。HostList 中的地址或名称的最大数为 9，HostList 是一系列由空格分开的 IP 地址（带点的十进制符号）。

-k HostList：指定“回响请求”消息对于 HostList 中指定的中间目标集在 IP 标头中使用“严格来源路由”选项（只适用于 IPv4）。使用严格来源路由时，下一个中间目的地必须是直接可达的（必须是路由器接口上的邻居）。HostList 中的地址或名称的最大数为 9，HostList 是一系列由空格分开的 IP 地址（带点的十进制符号）。

-w Timeout（超时）：指定等待回响应答消息响应的时间（以毫秒计），该回响应答消息响应接收到的指定回响请求消息。如果在超时时间内未接收到回响应答消息，将会显示“请求超时”的错误消息。

-R：指定应跟踪往返路径（只适用于 IPv6）。

-S SrcAddr（源地址）：指定要使用的源地址（只适用于 IPv6）。

-4：指定将 IPv4 用于 ping。不需要用该参数识别带有 IPv4 地址的目标主机，要按名称识别主机。

-6：指定将 IPv6 用于 ping。不需要用该参数识别带有 IPv6 地址的目标主机，要按名称识别主机。仅需要按名称识别主机。

ping 命令可以可以通过在 MS-DOS 提示符下运行“ping / ?”命令来查看 ping 命令的格式及参数，如图 8-4 所示。

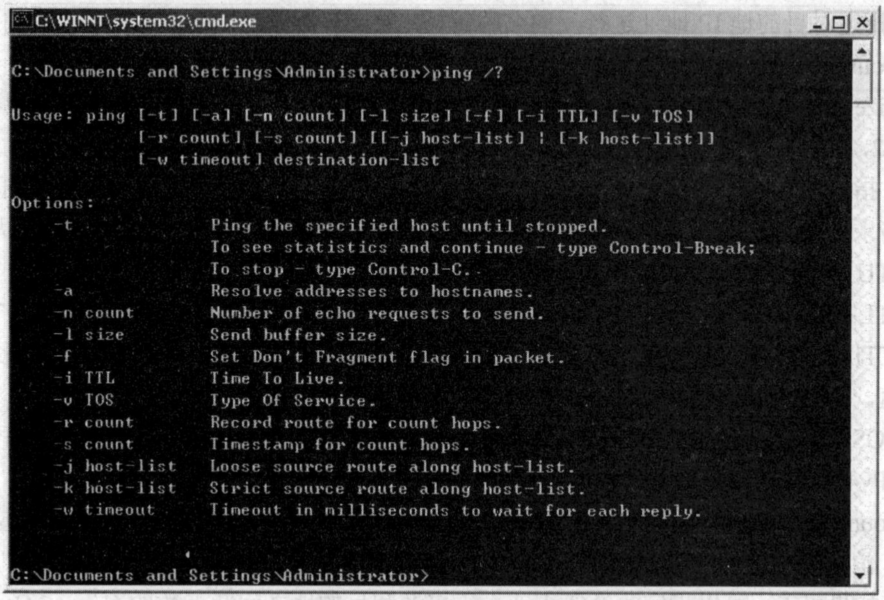

图 8-4　ping 命令的格式与参数

在 ping 命令测试中，如果网络未连接成功，除了出现“Request Time out”错误提示信息外，还有可能出现“Unknown hostname（未知用户名），“Network unreachable（网络没有连通，“No answer（没有响应）和“Destination specified is invalid（指定目标地址无效）等错误提示信息。

“Unknown hosmame”表示主机名无法识别。通常情况下，这条信息出现在使用了“ping 主机名[命令参数]”之后，如果当前测试的远程主机名不能被命令服务器转换成相应的 IP 地址（名称服务器有故障，主机名输入有误，当系统与该远程主机之间的通信线路故障等），就会给出这条提示信息。

“Network unreachable”表示网络不能到达。如果返回这条错误信息，表明本地系统没有到达远程系统的路由。此时，可以检查局域网路由器的配置，如果没有路由器（软件或硬件），可进行添加。

“No answer”表示当前所 ping 的远程系统没有响应。返回这条错误信息可能是由于远程系统接收不到本地发给局域网中心路由的任何分组报文，如中心路由工作异常、网络配置不正确、本地系统工作异常、通信线路工作异常等。

“Destination specified is invalid”表示指定的目的地址无效，返回这条错误信息可能是由于当前所 ping 的目的地址已经被取消，或者输入目的地址时出现错误等。

3. 常用 ping 命令诊断

在使用 ping 命令进行故障诊断时，可以通过 ping 下列地址来判断故障的位置。

① ping 127.0.0.1：执行此命令时，计算机将模拟远程操作的方式来测试本机，如果不通，则极有可能是 TCP/IP 协议安装不正常，应删除 TCP/IP 协议，重新启动计算机，再重新安装 TCP/IP 协议；或者网络适配器安装有问题，应删除后重新添加。

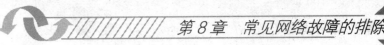

② ping 本机 IP 地址：如果不通，则说明在相应端口上的协议绑定有问题，查看网络设置，可能是网络协议绑定不正确。

③ ping 其他主机 IP 地址：如果前两种方式都能 ping 通，而不能 ping 通其他主机的 IP 地址，那么说明其他主机的网络设置有问题，或者网络连接有问题，可以检查其他主机的网络设置，检查物理连接是否有问题。

4. ping 命令的应用

在局域网的维护中，经常使用 ping 命令来测试一下网络是否通畅。使用 ping 命令检查局域网上计算机的工作状态的前提条件是：局域网中计算机必须已经安装了 TCP/IP 协议，并且每台计算机已经配置了固定的 IP 地址。

如果要检查网络中另一台计算机上 TCP/IP 协议的工作情况，可以在网络中其他计算机上 ping 该计算机的 IP 地址。如果这台计算机的 IP 地址是 192.168.1.3，则应用 ping 命令的操作步骤如下。

（1）输入 ping 命令

在 MS-DOS 提示符下，输入 ping 测试的目标计算机的 IP 地址或主机名，即运行“ping 192.168.1.3”命令，如图 8-5 所示。

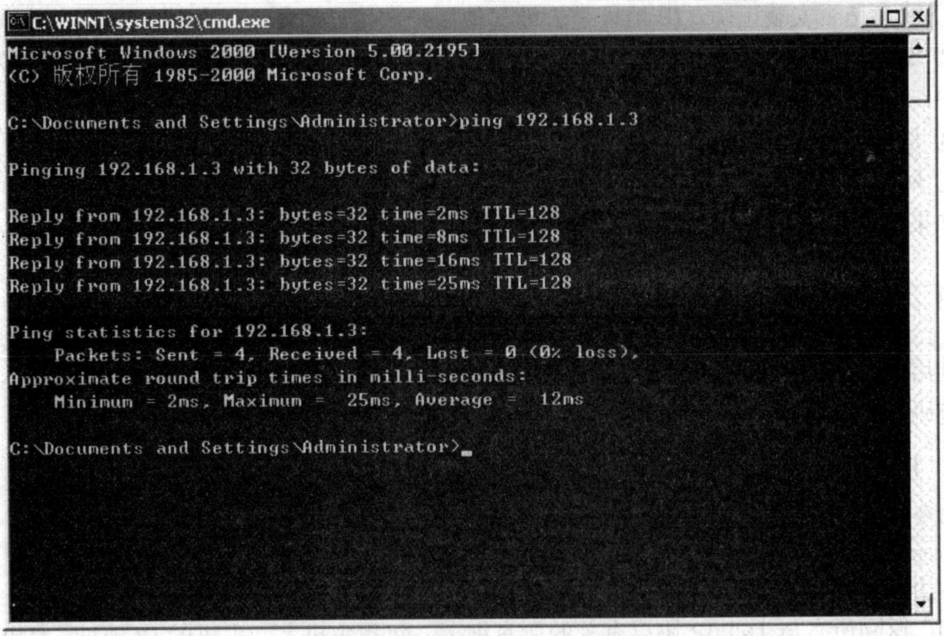

图 8-5　ping 测试的目标计算机连通信息

（2）查看结果

按回车键，如果客户机上 TCP/IP 协议工作正常，则会以 DOS 屏幕方式显示类似“Reply from 192.168.1.3：bytes=32　time<2ms　TTL=128”信息，如图 8-5 所示的返回信息提示。

（3）网络未连接成功

若网络未连接成功则显示“Request timed out（请求超时）”信息，如图 8-6 所示。

图 8-6　ping 测试的目标计算机失败信息

出现以上错误提示的情况时，就要仔细分析一下网络故障出现的原因和可能有问题的网上节点了，可以从以下几个方面来检查。

① 网卡是否安装正确，IP 地址是否被其他用户占用。

② 本机和被测试的计算机的网卡及交换机（集线器）显示灯是否亮，是否已经连入整个网络中。

③ 是否已经安装了 TCP/IP 协议，TCP/IP 协议的配置是否正常。

④ 网卡的 I/O 地址、IRQ 值和 DMA 值是否与其他设备发生冲突。

如果还是无法解决，建议用户重新安装和配置 TCP/IP 协议。

8.3.3　测试 TCP/IP 协议配置工具

利用 Ipconfig 工具可以查看和修改网络中的 TCP/IP 协议的有关配置，如 IP 地址、网关、子网掩码等。利用这两个工具可以很容易地了解 IP 地址的实际配置情况。

1．Ipconfig 命令的格式

命令格式

```
Ipconfig [/参数 1] [/参数 2] [/…]
```

常用参数的含义如下。

all：返回所有与 TCP/IP 协议有关的所有细节，包括主机名、主机的 IP 地址、DNS 服务器、节点类型、是否启用 IP 路由、网卡的物理地址、子网掩码及默认网关等信息。

release：作用于向 DHCP 服务器租用 IP 地址的计算机。如果输入 ipconfig/release，那么所有接口的租用 IP 地址归将还给 DHCP 服务器。

renew：作用于向 DHCP 服务器租用 IP 地址的计算机。如果输入 ipconfig/renew，那么本地计算机便重新与 DHCP 服务器联系并申请租用一个 IP 地址。

2. Ipconfig 命令的应用

在 DOS 提示符下，输入 ipconfig/all，执行结果如图 8-7 所示。

```
C:\WINNT\system32\cmd.exe

C:\Documents and Settings\Administrator>ipconfig/all

Windows 2000 IP Configuration

        Host Name . . . . . . . . . . . . : lyx
        Primary DNS Suffix  . . . . . . . :
        Node Type . . . . . . . . . . . . : Hybrid
        IP Routing Enabled. . . . . . . . : No
        WINS Proxy Enabled. . . . . . . . : No

Ethernet adapter 本地连接:

        Connection-specific DNS Suffix  . :
        Description . . . . . . . . . . . : Realtek RTL8139(A) PCI Fast Ethernet
 Adapter
        Physical Address. . . . . . . . . : 00-E0-4C-39-68-B7
        DHCP Enabled. . . . . . . . . . . : No
        IP Address. . . . . . . . . . . . : 192.168.1.2
        Subnet Mask . . . . . . . . . . . : 255.255.255.0
        Default Gateway . . . . . . . . . : 192.168.1.1
        DNS Servers . . . . . . . . . . . : 218.108.248.200
                                            218.108.248.228

C:\Documents and Settings\Administrator>_
```

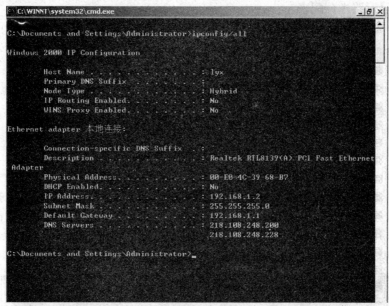

图 8-7　ipconfig/all 的执行结果

8.3.4　网络协议统计工具

1. Netstat 命令

（1）Netstat 命令的格式

Netstat 命令可以了解网络的整体使用情况，显示当前正在活动的网络连接的详细信息，例如，显示网络连接、路由表和网络接口信息，可以统计目前总共有哪些网络连接正在运行。

利用命令参数，Netstat 命令可以显示所有协议的使用状态，这些协议包括 TCP 协议、UDP 协议以及 IP 协议等，另外还可以选择特定的协议并查看其具体信息，还能显示所有主机的端口号以及当前主机的详细路由信息。

命令格式：

```
netstat [-参数 1] [-参数 2] [-…]
```

常用参数的含义如下。

-a：用来显示在本地机上的外部连接，也可以显示当前机器远程所连接的系统，本地和远程系统连接时使用和开放的端口以及本地和远程系统连接的状态。这个参数通常用于获得本地系统开放的端口，可以用它检查系统有没有被安装木马。如果在计算机上运行 Netstat 后发现有 Port 12345(TCP) Netbus、Port31337(UDP) Back Orifice 之类的信息，则计算机就很有可能感染了木马。

-n：基本上是-a 参数的数字形式，它是用数字的形式显示以上信息，这个参数通常用于检查自己的 IP 时使用，也有些人使用它是因为更喜欢用数字的形式来显示主机名。

-e：显示静态太网统计，该参数可以与-s 选项结合使用。

-p protocol：用来显示特定的协议配置信息，格式为 Netstat -p ***，***可以是 UDP、IP、ICMP 或 TCP，如要显示计算机上的 TCP 协议配置情况，可以用 Netstat -p tcp。

-s：显示计算机的默认情况下每个协议的配置统计，默认情况下包括 TCP、IP、UDP、ICMP 等协议。

-r：用来显示路由分配表。

interval：每隔“interval”秒重复显示所选协议的配置情况，直到按 Ctrl+C 组合键中断。

（2）Netstat 的应用

Netstat 工具应用很广，主要包括的用途有以几个方面。

① 显示本地或与之相连的远程计算机的连接状态，包括 TCP、IP、UDP、ICMP 协议的使用情况，了解本地机开放的端口情况。

② 检查网络接口是否已正确安装，如果在用 netstat 这个命令后仍不能显示某些网络接口的信息，则说明这个网络接口没有正确连接，需要重新查找原因。

③ 通过加入“-r”参数查询与本机相连的路由器地址分配情况。

④ 还可以检查一些常见的木马等黑客程序，因为任何黑客程序都需要通过打开一个端口来达到与其服务器进行通信的目的，不过首先要将这台计算机连入互联网才行，不然这些端口是不可能打开的，而且这些黑客程序也不会起到入侵的本来目的。

在 DOS 提示符下，输入 netstat -a，执行结果如图 8-8 所示。

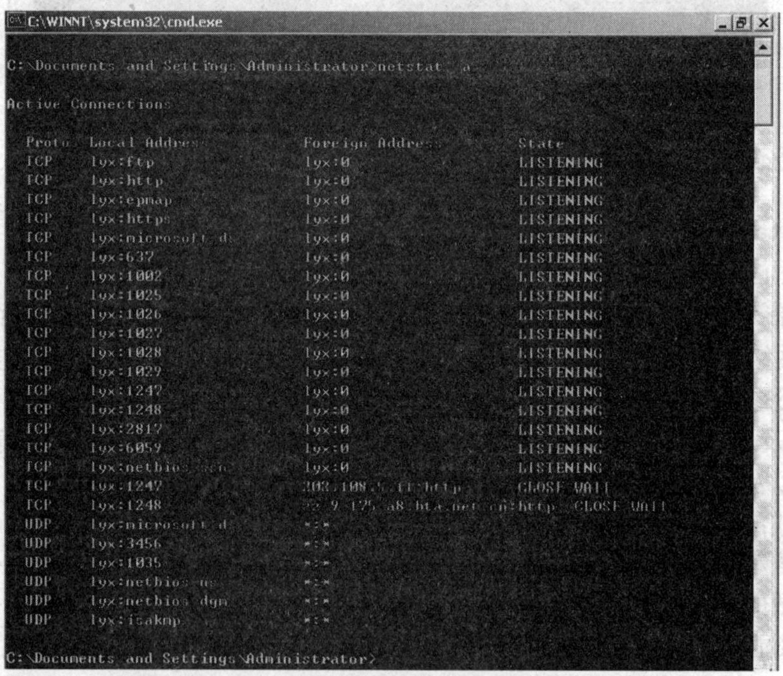

图 8-8　netstat 命令的执行结果

2. Nbtstat

Nbtstat 命令用于查看当前基于 NetBIOS 的 TCP/IP 连接状态，通过该工具可以获得远程或本地机器的组名和机器名。虽然用户使用 ipconfig/winipcfg 工具可以准确地得到主机的网卡地址，但对于一个已建成的比较大型的局域网，要去每台计算机上进行这样的操作就显得过于费事了。网管人员可以通过在自己上网的计算机上使用 DOS 命令 nbtstat，获取另一台上网主机的网卡地址。

（1）命令格式

格式如下：

```
nbtstat [-参数 1] [-参数 2] [-…]
```

常用参数的含义如下。

-a Remotename：说明使用远程计算机的名称列出其名称表，此参数可以通过远程计算机的 NetBios 名来查看它的当前状态。

-A IP address：说明使用远程计算机的 IP 地址并列出名称表，和-a 不同的是只能使用 IP，其实-a 就包括了-A 的功能。

-c：列出远程计算机的 NetBIOS 名称的缓存和每个名称的 IP 地址 这个参数就是用来列出在 NetBIOS 里缓存的连接过的计算机的 IP。

-n：列出本地机的 NetBIOS 名称，此参数与前面所介绍的工具软件“Netstat”中加“-a”参数功能类似，只是此参数是检查本地的，如果把 netstat -a 后面的 IP 换为自己的就和 nbtstat -n 的效果一样了。

-r：列出 Windows 网络名称解析的名称解析统计。在配置使用 WINS 的 Windows 2000 计算机上，此选项返回要通过广播或 WINS 来解析和注册的名称数。

-R：清除 NetBIOS 名称缓存中的所有名称后，重新装入 Lmhosts 文件，这个参数就是清除 nbtstat -c 所能看见的缓存里的 IP。

-S：在客户端和服务器会话表中只显示远程计算机的 IP 地址。

-s：显示客户端和服务器会话，并将远程计算机 IP 地址转换成 NetBIOS 名称。此参数和-S 差不多，只是会把对方的 NetBIOS 名给解析出来。

-RR：释放在 WINS 服务器上注册的 NetBIOS 名称，然后刷新它们的注册。

interval：每隔 interval 秒重新显示所选的统计，直到按 Ctrl+C 组合键停止重新显示统计。如果省略该参数，nbtstat 将打印一次当前的配置信息。此参数和 netstat 的一样，nbtstat 中的“interval”参数是配合-s 和-S 一起使用的。

（2）Nbtstat 的应用

Nbtstat 工具应用很明确，主要用于远程获取机器的组名或机器名以及网卡信息。

例如在 DOS 提示符下，输入 nbtstat -a 远程机器的 IP 地址，可以获取远程机器的相关信息，执行结果如图 8-9 所示。

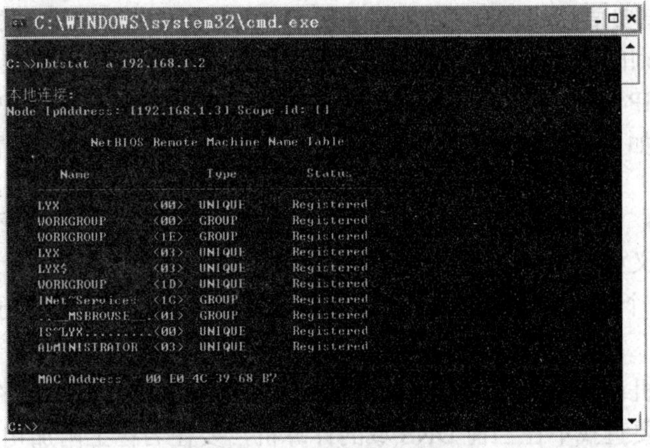

图 8-9　nbtstat 命令执行结果

8.3.5 跟踪工具

1. Tracert

Tracert 命令用来显示数据包到达目标主机所经过的路径，并显示到达每个节点的时间。命令功能同 ping 类似，但它所获得的信息要比 ping 命令详细得多，它把数据包所走的全部路径、节点的 IP 以及花费的时间都显示出来。该命令比较适用于大型网络。

命令格式：

```
tracert [-参数 1] [-参数 2] [-···] IP 地址或主机名
```

常用参数的含义如下。

-d：不解析目标主机的名字。

-h maximum_hops：指定搜索到目标地址的最大跳跃数。

-j host_list：按照主机列表中的地址释放源路由。

-w timeout：指定超时时间间隔，程序默认的时间单位是毫秒。

例如，想要了解自己的计算机与目标主机 www.sina.com 之间详细的传输路径信息，可以在 MS-DOS 方式输入 tracert www.sina.com。

如果在 Tracert 命令后面加上一些参数，还可以检测到其他更详细的信息，例如，使用参数-d 可以指定程序在跟踪主机的路径信息时，同时解析目标主机的域名。

2. Nslookup

Nslookup 是一个监测网络中 DNS 服务器是否能正确实现域名解析的命令行工具，它必须要安装 TCP/IP 协议的网络环境之后才能使用，且兼容 Windows NT/2000/XP 系统。Nslookup 命令主要用来测试主机名解析情况。在网络中经常要用到域名和主机名，通常域名和主机名之间需要经过计算机的正确解析后才能进行通信联系，域名才能够真正使用。假如不能正确解析域名，计算机间将无法正常通信。

配置好 DNS 服务器，添加了相应的记录之后，只要 IP 地址保持不变，一般情况下就不再需要去维护 DNS 的数据文件了。不过在确认域名解析正常之前，最好测试一下所有的配置是否正常。简单地使用 ping 命令主要检查网络联通情况，虽然在输入的参数是域名的情况下会通过 DNS 进行查询，但是它只能查询 A 类型和 CNAME 类型的记录，而且只会告诉域名是否存在，其他的重要信息却没有。如果需要对 DNS 的故障进行排错，就必须使用 nslookup。该命令可以指定查询的类型，可以查到 DNS 记录的生存时间还可以指定使用那个 DNS 服务器进行解释。查询 IP 地址 nslookup 最简单的用法就是查询域名对应的 IP 地址，包括 A 记录和 CNAME 记录，如果查到的是 CNAME 记录，还会返回别名记录的设置情况。

命令格式：

```
nslookup [-子命令...] [{要查找的计算机 | -服务器}]
```

常用参数的含义如下：

-子命令：将一个或多个 nslookup 子命令指定为命令行选项。有关子命令的列表，请参阅“相关主题”。

要查找的计算机：如果未指定其他服务器，使用当前默认 DNS 名称服务器查找要查找的计算机的信息。要查找不在当前 DNS 域的计算机，要在名称上附加句点。

-服务器：指定将该服务器作为 DNS 名称服务器使用。如果省略了“-服务器”，将使用默认的 DNS 名称服务器。

Nslookup 命令的应用十分简单，在 DOS 窗口中输入 nslookup 后，再输入要检测的域名后即可，如图 8-10 所示。

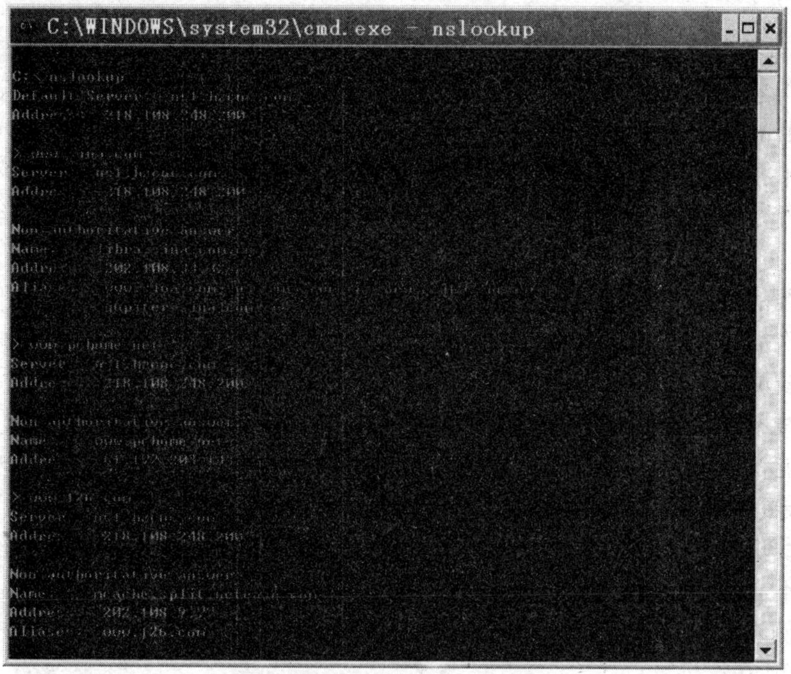

图 8-10　Nslookup 命令的应用

8.4　常见网络故障分析与处理

在局域网的组建和使用过程中，有时会遇到因硬件设备发生故障而造成网络无法正常运行，有时也会由于 Windows 网络管理方面的设置使网络产生故障，更多的时候由于安全方面的原因引发网络危机。从引起网络常见的故障来看，主要原因包括：网络设备故障、网络设置故障、网络服务故障、网络安全故障、其他网络故障。

本节从实际出发，将网络中常见的故障从五个方面汇编并精选了一些代表性实例，通过对具体的网络故障现象分析说明故障原因，并给出了排除故障的具体方法，供实践参考。

8.4.1　网络设备故障

在局域网中发生故障硬件设备主要有：双绞线、网卡、Modem、集线器、交换机、服务器等。从发生故障的对象来看，主要包括传输介质故障、网卡故障、Modem 故障和交换机故障。

1．传输介质故障

局域网中使用的传输介质主要有双绞线和细缆，双绞线一般用于星形网络结构的布线，而细缆多用于总线型结构的布线。

（1）案例选编 1：网卡灯亮却不能上网

① 故障现象。

某局域网内的一台计算机无法连接局域网，经检查确认网卡指示灯亮且网卡驱动程序安装正确。另外网卡与任何系统设备均没有冲突，且正确安装了网络协议（能 ping 通本机 IP 地址）。

② 故障分析与处理。

从故障现象来看，网卡驱动程序和网络协议安装不存在问题，且网卡的指示灯表现正常，因此可以判断故障原因可能出在网线上。

因为网卡指示灯亮并不能表明网络连接没有问题，例如，100 Base-TX 网络使用 1、2、3、6 两对线进行数据传输，即使其中一条线断开后网卡指示灯仍然亮着，但是网络却不能正常通信。

用于跳线的双绞线，由于经常插拔而导致有些水晶头中的线对脱落，从而引发接触不良。有时需要多次插拔跳线才能实现网络连接，且在网络使用过程中经常出现网络中断的情况。建议使用网线测试仪检查故障计算机的网线。

如果网线不好，建议重新压制水晶头。剥线时双绞线的裸露部分大约为 14 mm，这个长度正好刚刚能将各导线插入到各自的线槽。如果该段留得过长，则会由于水晶头不能压住外层绝缘皮而导致双绞线脱落，并且会因为线对不再互绞而增加信号干扰。

如果网线正常则尝试能否 ping 通其他计算机。如果不能 ping 通可更换集线设备端口再试验，仍然不通时可更换网卡。

（2）案例选编 2：RJ-45 针脚顺序判断错误导致压线故障

① 故障现象。

在按照 T568B 标准制作一条直通线并进行测试时，网线测试仪上的指示灯显示线序错误。

② 故障分析与处理。

从故障现象来看，在确认网线已经严格按照 T568B 标准进行压制的前提下，估计问题是错误判断针脚的排列顺序引发的。

双绞线的 8 条线分别对应水晶头的 8 根针脚，8 根针脚的排列顺序应按照如下方式确定：将水晶头有塑料弹簧片的 面向下，有针脚的一面向上。然后将能够插进网线的一端面对自己，此时从左到右依次为第 1 脚至第 8 脚。

重新压制后，建议使用网线测试仪检查故障计算机的网线。

（3）案例选编 3：网线短路导致网络通信中断

① 故障现象。

某局域网使用的时间较长，最近发现其中一台计算机经常出现丢包现象，且丢包数量不固定。

② 故障分析与处理。

经检查确认网卡指示灯亮且网卡驱动程序安装正确。从故障现象来看，网卡驱动程序和网络协议安装不存在问题，且网卡的指示灯表现正常，因此可以判断故障原因可能出在网线上。

用网线测试仪检测该计算机的物理链路，发现网线中的白橙线和白蓝线发生了短路。需要重新制作网线，并且不能再使用这两种色标的线路制作。如果不进行重新布线，利用原来的线路进行制作，可以通过改变线序来解决此问题。对于 100 Base-TX 的局域网络只用到了双绞线中的两对线来传输信号，分别与水晶头上的 1、2、3、6 线相对应，而对应的双绞线颜色则依次是白橙、橙、白绿、绿。既然白橙线和白蓝线发生了短路，只需放弃白橙和橙这一对双绞线，并用白棕线和棕线代替即可。重新压制后的线序应该是：白棕、棕、白绿、空、空、绿、空、空，且网线两端都应该按此顺序压制。

（4）案例选编 4：双机直连无法共享上网

① 故障现象。

某局域网内两台计算机，其中一台计算机安装双网卡，准备实现双机直连并用 Internet 连接共享。但当使用普通网线连接两台计算机后，用于双机直连的网络连接总是提示“网络线缆没有插好”。而与 ADSL Modem 相连的网络连接显示正常，更换网卡和网线后故障依旧。

② 故障分析与处理。

从故障现象来看，可以断定是双机直连所使用的网线有问题。用于双机直连的网线应当使用交叉线，而不能使用直通线。普通的网线一般都按照 T568B 标准做成直通线，因此不能实现双机直连。解决该问题的方法很简单，只需将用于双机直连的网线换成交叉线即可。交叉线的线序应遵循此规则：一端为白橙、橙、白绿、蓝、白蓝、绿、白棕、棕，另一端为白绿、绿、白橙、蓝、白蓝、橙、白棕、棕。

2．网卡故障

（1）案例选编 5：网卡 MAC 地址异常

① 故障现象。

某小型局域网采用交换机进行连接，其中有一台运行 Windows XP 操作系统的计算机不能正常连接网络，但各项网络参数设置均正确。在用“ipconfig/all”命令检查网络配置信息时，显示网卡的 MAC 地址是“FF-FF-FF-FF-FF-FF”。

② 故障分析与处理。

从“ipconfig/all”的返回结果来看，应当是该计算机的网卡出现故障，因为网卡的 MAC 地址不应该是“FF-FF-FF-FF-FF-FF”这样的字符串。网卡 MAC 地址由 12 个十六进制数来表示，其中前 6 个十六进制数字由 IEEE（美国电气及电子工程师学会）管理，用来识别生产者或者厂商，构成 OUI（Organizationally Unique Identifier，组织唯一标志符）。后 6 个十六进制数字包括网卡序列号或者特定硬件厂商的设定值。显示“FF-FF-FF-FF-FF-FF”则说明该网卡存在故障，由此导致使用该网卡的计算机不能正常连接局域网，建议为故障计算机更换一块新网卡后再进行测试。

（2）案例选编 6：设置网卡 IP 地址时出错

① 故障现象。

某局域网中服务器需要添加新设备，将原来的 PCI 网卡移到另一个 PCI 插槽时，对网卡重新设置网卡的 IP 地址时 Windows 2000 Server 提示该地址已经存在。

② 故障分析与处理。

根据故障现象，出现这个问题的原因是，将网卡从原先的 PCI 插槽中拔出后系统没有自动进行卸载网卡的操作，因此导致网卡仍在注册表中存在。不过在“设备管理器”中把网卡隐藏了，因此用户一般看不到它的存在。由于原先网卡的设置参数依然存在，所以更换 PCI 槽后的网卡在被识别为新网卡时无法设置成原先的 IP 地址，因为这样会造成 IP 地址冲突。

可采取以下方法解决该问题：

a. 打开“命令提示符”窗口，键入命令行“set devmgr_show_nonpresent - devices=1”并按回车键；

b. 打开“设备管理器”窗口，单击“查看”菜单，选择“显示隐藏的设备”命令；

c. 在“网络设备”目录中，右键单击呈灰色的网卡，单击“卸载”按钮，将原先的网卡卸载；

d. 稍后再设置“新”网卡的 IP 地址即可。

（3）案例选编 7：安装网卡后启动速度变慢

① 故障现象。

局域网采用 DHCP 动态分配 IP 地址，客户端计算机采用自动获取方式。服务器计算机安装网卡接入局域网后，此客户端计算机系统启动速度比原来慢了很多。

② 故障分析与处理。

安装网卡后计算机的启动速度变慢是正常现象，因为系统启动时除了需要检测网络连接外，还会自动检测网络中的 DHCP 服务器，增加了系统的启动时间。如果要加快系统的启动速度，则应该为计算机指定静态 IP 地址，以减少系统的检测时间，而不要使用自动获取 IP 地址的方式。

（4）案例选编 8：安装网卡后，网卡的名称中多了“2#”

① 故障现象。

某局域网中的一台计算机，在重新安装网卡后，发现网卡的名称比以前多了一个“2#”。

② 故障分析与处理。

这个故障的原因和案例 6 相似。因为在拔掉旧网卡之前没有将其完全卸载，该网卡的驱动程序仍然保存在系统中，尽管不会影响新网卡的使用，但是会在新网卡的名称中加一个“2#”，用于区别原来的网卡。

可采取以下方法解决该问题：

a. 打开“命令提示符”窗口，键入命令行“set devmgr_show_nonpresent -devices=1”并按回车键；

b. 打开“设备管理器”窗口，单击“查看”菜单，选择“显示隐藏的设备”命令；

c. 在“网络适配器”目录中，将新旧网卡全部删除；

d. 重新启动计算机并安装新网卡驱动程序即可。

3. Modem 故障

（1）案例选编 9：USB 接口 ADSL Modem 的故障解决

① 故障现象。

某局域网用户最近安装一台 USB 接口的 ADSL Modem，如果在打开计算机前开启 ADSL Modem，系统会停在黑屏的状态下，重新插拔后才能使用。

② 故障分析与处理。

这个故障的原因可能是 ADSL Modem 采用 USB 2.0 标准，而系统只安装了 USB 1.1 驱动程序或者在 BIOS 中没有进行正确的设置，例如，启用了 USB 键盘和鼠标而禁用了 USB 控制器。还可能是 USB Modem 通过 USB 接口供电，由于启动时间比较短而没有激活设备，从而导致系统误认为硬件故障。

可采取以下步骤步骤尝试解决该问题：

a．检查系统是否正确识别USB芯片组，并正确安装USB 2.0驱动程序；

b．检查并重新设置BIOS中关于USB的选项。

（2）案例选编10：无法登录ADSL Modem管理界面

① 故障现象。

某局域网通过 ADSL Modem（内置路由功能）拨号上网。由于最近经常掉线，想查看ADSL Modem管理界面中的日志，但在登录管理界面时却很难登录成功，只能在关闭ADSL Modem电源后重新开启才能顺利登录，一段时间后依然无法登录。

② 故障分析与处理。

经常掉线故障的原因可能是因为并发访问量太大导致ADSL Modem超负荷运转，不能登录ADSL Modem管理界面的故障也可能是由于这个原因引起的。建议禁止用户使用BT下载等易产生较大数据流量的上网操作。另外，还要检查局域网中所有计算机中是否有已知或未知的蠕虫病毒，这类病毒也极有可能使网络访问的速度变得极为缓慢，从而导致用户在访问ADSL Modem的管理页面时出现不正常的超长延时访问现象。

4．交换机故障

（1）案例选编11：不正确连接对称网络交换设备导致网络传输速度很慢

① 故障现象。

公司局域网由3台交换机连接而成，交换机采用非对称端口，其中包括两个1000 Base-T端口和24个100 Base-T端口。在使用过程中发现，当多台计算机同时访问服务器尤其是视频服务器时传输速度很慢。

② 故障分析与处理。

这个故障的可能是不正确连接对称网络交换设备导致的。

所谓的不对称交换机是指交换机拥有不同速率的端口，通常局域网中的交换机拥有100 Mbit/s和1 000 Mbit/s两种传输速率。一般情况下，高速端口用于连接其他交换机或服务器，而低速率端口则用于直接连接计算机或集线器。该连接方式同时解决了设备之间以及服务器与设备之间的连接瓶颈，充分考虑到了服务器的特殊地位。通过增加服务器连接带宽，可有效地防止服务器端口拥塞的问题。同时，由于交换机之间通过高速端口通信，可使网络内所有的计算机都平等地享有多服务器的访问权限。

另外，除了将服务器连接至高速端口外，还必须为服务器配置1 000 Base-T网卡，并提高服务器硬盘的数据读取速率。例如采用RAID-5方式将多块SCSI硬盘连在一起，从而满足大量数据读取的需要。

（2）案例选编12：交换机端口不正常

① 故障现象。

局域网内部使用一台 24 口可网管的交换机，将计算机连接到该交换机的一个端口后，不能访问局域网。更换交换机端口又能恢复网络连接，这个故障端口有时偶尔也能与其他计算机建立正常的连接。

② 故障分析与处理。

这个故障的可能是交换机端口损坏导致的。

如果计算机与交换机某端口连接的时间超过了 10 秒钟仍无响应，那么就已经超过了交换机端口的正常反应时间。这时如果采用重新启动交换机的方法就能解决这种端口无响应问题，那么说明是交换机端口临时出现了无响应的情况。如果此问题经常出现而且限定在某个固定的端口，这个端口就可能已经损坏，建议闲置该端口或更换交换机。

（3）案例选编 13：更换交换机后无法上网

① 故障现象。

某学校局域网通过路由器接入 Internet，其中一台计算机在使用 10 Mbit/s 集线器连接时能够正常连接局域网和 Internet，更换 10/100 Mbit/s 自适应交换机后，虽然系统托盘上显示网络连接正常，却无法连接到 Internet。无论是让路由器分配 IP 地址还是指定静态 IP 地址，都不能连接。

② 故障分析与处理。

此类故障一般可以从以下几个方面进行检查。

a. 为故障计算机指定一个静态的 IP 地址，该 IP 地址必须与局域网其他计算机位于同一个网段，并采用相同的子网掩码、默认网关和 DNS。当然不能与其他计算机的 IP 地址发生冲突。

b. 使用 ping 命令 ping 网络内的其他计算机，确认网络连接是否正常。如果能够 ping 通说明网络连接没有问题，否则故障发生在本地计算机与交换机的连接上。应当使用网线测试仪检查相应网线的连通性。

c. ping 路由器内部 IP 地址，如果能 ping 通说明路由器存在 IP 地址分配故障，极有可能是因为 IP 地址池内的 IP 地址数量过少造成的。如果不能 ping 通则说明物理链路发生故障，应当检查相应的物理连接。

根据故障具体现象描述，在 10 Mbit/s 络中可以正常接入，但连接至 100 Mbit/s 交换机时无法通信，因此可以怀疑连接该计算机的跳线有问题，或者没有按照 T568A 或 T568B 的标准压制网线。建议使用网线测试仪测试连接该计算机与交换机跳线的连通性。

（4）案例选编 14：Uplink 端口直接连接导致通信故障

① 故障现象。

某小型局域网利用一台交换机将 20 多台计算机连接在一起，并共享 ADSL 接入 Internet。后该局域网的计算机数增加至 30 台，新添一台交换机，并使用直通网线将两台交换机的 Uplink 端口相连。连接完毕后发现只有跟 ADSL Modem 直接相连的交换机上的计算机可以上网，而其他计算机无法上网。

② 故障分析与处理。

Uplink 端口是专门用于跟其他交换机（或集线器）级联的端口，可利用直通线将该端口连接至其他交换机（或集线器）除 Uplink 端口以外的任意端口，其连接方式跟计算机与交换机（或集线器）之间的连接方式完全相同。这里直接将两台交换机的 Uplink 端口相连接，两台交换机显然是无法通信的，因此导致一部分计算机不能上网。

随着技术的发展，越来越多的交换机和集线器（如 D-Link、TP-Link 等）开始提供智能端口。任何端口都能够自动判断对端设备的类型，并自动选择适当的工作模式，因此无论对端连接的是计算机、集线设备还是其他网络设备，可以全部采用直通线连接，从而使得设备之间的连接变得更加简单。

（5）案例选编 15：违反 5-4-3 规则导致网络不通

① 故障现象。

某小型局域网出于成本考虑，其网络设备全部采用淘汰下来的 10MB 集线器，48 台计算机通过双绞线和 4 台串接的集线器构成了共享式网络。完成网络参数的配置进行联网测试时，发现网络中的 40 多台计算机之间彼此失去了联系。

② 故障分析与处理。

根据故障描述可以看出此故障明显是由于违反了 10 Base-T 的 5-4-3 规则，导致的网络故障。

所谓 10 Base-T 的 5-4-3 规则，是指任意两台计算机之间最多不能超过 5 段线（包括集线器与集线器的连接线缆，也包括集线器与计算机之间的连接线缆）、4 台集线器，其中只能有 3 台集线器直接与计算机或网络设备连接。这是 10 Base-T 网络所允许的最大拓扑结构和所能级联的集线器层数。其中，安装在中间的集线器是网络中唯一不能与计算机直接连接的集线器。计算机发送数据后，如果在一定时间内没有得到回应，那么将认为数据发送失败。

因此只需对集线器的连接方式稍做调整就能解决此问题。可以将其他 3 台集线器都连接在同一台不连接计算机的集线器上即可。

（6）案例选编 16：物理链路不通导致计算机不能连接局域网

① 故障现象。

某小型局域网综合布线完成后实现了计算机之间的互联，扩充计算机数量后，做了一条网线将计算机连接至信息插座。结果发现无法连接局域网，可以 ping 自己但不能 ping 通其他计算机和默认网关，在“网上邻居”中也只能看到自己。

② 故障分析与处理。

根据故障描述，可能是物理链路不通。

综合布线只是实现链路的铺设，要想实现计算机与网络设备的连接，除了需要用网线连接计算机与信息插座外，还必须用跳线连接配线架与网络设备。配线架上的每个端口都对应一个信息插座，只有将该端口连接至集线设备才能将计算机连接至网络。集线设备与配线架的连接以及计算机与信息插座的连接所使用的跳线全部都是直通线。需要注意的是，10 Base-T 和 100 Base-TX 网络只使用双绞线 4 对线中的 2 对，即 1、2 线对和 3、6 线对，而 1 000 Base-T 网络使用双绞线的全部 4 对线。因此在连接网络时，一定要使用网线测试仪测试整条链路，保证 8 条线必须全部连通。

（7）案例选编 17：路由器故障导致掉线

① 故障现象。

两台计算机使用 TP-LINK R410 宽带路由器共享上网，连接完成后发现无论哪台计算机先开机上网，当另一台开机时必定会出现掉线现象，此时重新连接可以恢复正常。

② 故障分析与处理。

从故障现象可以判断是路由器存在物理或设置问题，建议按照以下步骤排除故障：重新启动路由器看故障是否能被排除；检查计算机与路由器的连接是否采用直通线，虽然 TP-LINK R410 路由器支持自动翻转，不过使用非正常的跳线往往会导致一些故障发生。将其更改为使用代理服务器方式上网，重复两台计算机的开关机操作检测 ADSL Modem 的连接是否正常，如果有异常则表明 ADSL Modem 存在问题。

（8）案例选编 18：路由器上的 Link 灯不亮

① 故障现象。

在小型局域网中，完成物理连接后发现一台路由器的 Link 灯不亮。

② 故障分析与处理。

从故障现象路由器上的 Link 灯判断路由器是否处于正常的工作状态。如果 Link 灯亮则代表联机成功，如果 Link 灯不亮则代表联机失败或没有连接。通常情况下这个问题是由网线的跳线引起的。当用户使用路由器连接不同设备的时候，需要进行不同网线的跳线切换，因为直连网线和交叉网线所对应的网络设备并不相同。宽带路由器的背面通常有一个“MDIX”按钮，它用于负责进行直连网线和交叉网线的切换。如果 Link 灯没有亮，可以按下该按钮尝试解决问题。

（9）案例选编 19：文件共享响应太慢

① 故障现象。

小型局域网中，以前用 HUB 上网的时候各台计算机之间可以顺利进行文件共享。添加路由器后出现了怪现象，在“网上邻居”中可以看到其他计算机的共享文件，但是将这些共享文件复制到本地计算机时速度非常慢，有时甚至会停止响应。而其他计算机之间的共享是正常的。

② 故障分析与处理。

从故障现象看其他计算机间共享正常，说明问题应该出在本地计算机到路由器端口这一部分的连接上。这部分连接可能存在的故障包括交换设备端口、网线、网卡和计算机。

可采取以下方法尝试解决该问题：

a．检查网线的质量及接口是否有问题；

b．改变交换设备端口看能否解决问题；

c．检查网卡驱动程序安装、设置是否正常，计算机是否安装了防火墙软件以及是否正确设置了 IP 规则；

d．替换计算机的网卡，看能否解决问题。

8.4.2 网络设置故障

在 Windows 2000 Server 中网络管理的内容繁多，涉及网络设备、网络协议等多方面的技术知识，在网络运行过程中有时由于网络设置或调整不当，会导致网络故障。在处理这类故障时，要求网络管理人员能快速判断故障的性质和范围，及时排除有关网络连接、网络协议、网络参数设置、网络权限管理等方面的问题。

从发生故障的原因来看主要有网络连接设置故障、网络协议设置故障、网络参数设置故障、网络权限故障等。

1．网络连接设置故障

（1）案例选编 20：局域网内不能 ping 通

① 故障现象。

某局域网内的一台运行 Windows Server 2000 系统的计算机和一台运行 Windows XP 系统的计算机，ping 127.0.0.1 和本机 IP 地址都可以 ping 通，但在相互间进行 ping 操作时却提示超时。

② 故障分析与处理。

在局域网中，不能 ping 通计算机的原因很多，主要可以从以下两个方面进行排查。

a．对方计算机禁止 ping 动作。

如果计算机禁止了 ICMP（Intemet 控制协议）回显或者安装了防火墙软件，会造成 ping 操作超时。建议禁用对方计算机的网络防火墙，然后再使用 ping 命令进行测试。

b．物理连接有问题。

计算机之间在物理上不可互访，可能是网卡没有安装好、集线设备有故障、网线有问题。在这种情况下使用 ping 命令时会提示超时。尝试 ping 局域网中的其他计算机，查看与其他计算机是否能够正常通信，以确定故障是发生在本地计算机上还是发生在远程计算机上。

（2）案例选编 21：点对点 VPN 连接已建立，VPN 网关之间没有任何通信

① 故障现象。

某广域网中，在 Windows RRAS 服务器之间创建点对点 VPN 连接，但是连接好的网络并没有任何通信。网络和主机之间的域名解析失败，远程站点网络中的主机甚至都不能够被 ping 通。

② 故障分析与处理。

在广域网络中，涉及 VPN 连接的问题一般比较复杂。从故障的现象看，造成这种失败最常见的原因是点对点网络连接两边的网络使用了同样的网络 ID。解决方法是修改一个或多个网络的 IP 地址分配计划，这样所有连接到点对点 VPN 连接中的网络都有不同的网络 ID。

2．网络参数设置故障

（1）案例选编 22：设置固定 IP 地址的计算机不能上网

① 故障现象。

某局域网中一台分配了固定 IP 地址的计算机不能正常上网，但在同一局域网内的其他计算机都能正常上网。这台计算机 ping 局域网中的其他计算机也都正常，但不能 ping 通网关。更换网卡后故障仍然存在。将这台计算机连接到另一个局域网中，可以正常使用上网。

② 故障分析与处理。

从故障的现象看，造成这种故障的原因是没有正确设置好计算机的网关或子网掩码。无法 ping 通网关，很可能是网关设置错误。不同 VLAN 间的计算机通信时，必须借助默认网关的路由到其他网络。所以当默认网关设置错误时，将无法路由到其他网络，导致网络通信失败。子网掩码是用于区分网络号和 IP 地址号的，设置错误，也会导致网络通信的失败。解决方法是认真检查默认网关和子网掩码的设置。

（2）案例选编 23：TCP/IP 设置不当，不能使用 NetMeeting

① 故障现象。

某局域网中服务器安装了 Windows 2000 Server，客户机安装了 Windows XP。其中一台计算机重装系统后能与另外几台客户机连接，但使用 NetMeeting 时不能相互联接，而且不能使用服务器的共享资源。使用“ipconfig/all”命令检查该计算机网络设置，发现其 IP 地址为“169.254.255.18”。

② 故障分析与处理。

从故障的现象看，该机器的 IP 地址为“169.254.255.18”，说明该计算机既没有指定固定

的 IP 地址，也没有能够从 DHCP 服务器取得租借的 IP，而是由 Windows 自动分配了一个从“169.254.0.0～169.254.255.255”的 IP 地址。造成这种故障的原因是没有正确设置计算机的 IP 地址。解决方法是为该计算机指定一个静态 IP 地址或者使它能够使用 DHCP 服务租借到一个合法的 IP 地址。

3．网络协议设置故障

（1）案例选编 24：无法用计算机名访问共享资源

① 故障现象。

某局域网中直通过在“运行”编辑框输入“\\共享计算机名”的形式访问其他计算机的共享资源。在为所有的计算机重新安装系统后，发现某一台计算机不能通过这种方式访问其他计算机。当在“运行”编辑框中输入“\\共享计算机名”之类的 UNC 路径时，提示找不到该计算机，而这台计共享算机可以被其他计算机访问。

② 故障分析与处理。

从故障的现象看，首先可以排除网络物理连接存在问题。

由于是在重装系统后出现了问题，可以重点检查网卡驱动程序或网络协议是否安装正确，IP 地址是否设置正确。如果 IP 地址设置没有问题且已经安装网卡驱动程序，建议在“设备管理器”中删除网卡驱动程序后重新安装。如果计算机运行 Windows 9x 系统，则 NetBEUI 协议是一定要安装的。如果所有的网络协议均没有问题，通过 UNC 路径就可以访问目标计算机。

（2）案例选编 25：启用 NeIBEUI 协议出现网络重名

① 故障现象。

某局域网采用固定 IP 地址的 ADSL 设备接入 Internet，可是经常掉线。

② 故障分析与处理。

ADSL 设备接入 Internet 有时由于环境或线路的关系会经常掉线。解决的方法可以将在本地计算机中使用 ARP 命令将网关 IP 地址和 MAC 地址绑定在一起，掉线后自动利用缓存中的参数连接上网。

一般情况下，ADSL 服务提供商会使用 ARP 协议通过目标设备的 IP 地址查询目标设备的 MAC 地址，以保证通信的顺利进行。在每台安装有 TCP / IP 协议的计算机里都有一个 ARP 缓存表，里面的 IP 地址与 MAC 地址是一一对应的。因此直接将网关 IP 地址相对应的 MAC 地址写入 ARP 缓存表（即使用 ARP 命令绑定默认网关）可以跳过 ARP 查询的步骤，直接从 ARP 缓存表中找到网关 MAC 地址，从而确保通信正常进行。

采用这种方法可以解决掉线问题，不过用户需要从 ISP 处获得网关的 MAC 地址。假设已知网关的 IP 地址和 MAC 地址，则应该在本地每台计算机上执行命令“arp –s IP 地址 MAC 地址”。如果网络采用了代理服务器，那么只要在代理服务器中执行包含该命令的批处理文件即可。

4．网络权限故障

（1）案例选编 26：篡改 IP 地址导致网络中多台计算机无法上网

① 故障现象。

某学校机房拥有 60 台计算机，所有客户端计算机均运行 Windows XP 系统。但是有人经常随意修改 IP 地址，从而导致很多局域网中的客户端计算机无法正常上网。

② 故障分析与处理。

故障是由于 IP 地址的篡改引起的，只要在局域网中禁止随意更改 IP 地址就可以解决问题。

解决方案有两种，一种是基于客户机端的，一种是基于服务器端的。在客户机端，只要将每台电脑的 IP 地址和网卡的 MAC 地址进行绑定即可。例如要将每一台固定分配的 IP 地址与机器的网卡 MAC 地址利用 ARP 命令绑定就可以了。可以在“命令提示符”窗口中执行命令行“arp –s IP 地址 MAC 地址”。将这条命令加入到开机的自动批处理命令中，在开机时自动执行一次就可以了。如果想要解除绑定，执行命令行“arp -d IP 地址 MAC 地址”。

如果是在 Windows 域环境中，可以使用组策略限制用户修改 IP 地址，并部署 DHCP 服务动态分配 IP 地址。这样所有客户机都将使用分配到的合法 IP 地址上网，不能随意更改 IP 地址，确保网络的正常使用。

（2）案例选编 27：无法使用共享打印机

① 故障现象。

某单位局域网计算机运行 Windows 98、Windows XP 和 Windows 2000 Server 三种系统。在其中一台运行 Windows 2000 Server 的计算机上安装打印机并设置为共享，该打印机在本地计算机上可以正常使用。从其他客户计算机上可打开该共享打印机的界面且能够执行清理文档等维护操作，但无法正常打印（包括测试页也不能打印）。

② 故障分析与处理。

首先应当确保在安装共享打印机的 Windows 系统中启用了 Guest 账户。既然客户端计算机能够打开共享打印机的界面，说明网络连接基本正常。客户端计算机要想使用共享打印机，必须在客户端计算机中通过“网络打印机安装向导”将共享打印机的驱动程序安装到本地系统中。另外局域网中包含有 Windows 98 系统的客户端，建议安装 NetBEUI 协议，以便于这些机器能顺利使用这台共享打印机。

8.4.3　网络服务故障

Windows2000 Server 提供了丰富的网络服务，方便了网络管理。通过安装 Windows 网络服务组件和第三方工具软件，可以进一步把 Windows 服务器配置成 Web 服务器、FTP 服务器、DHCP 服务器、DNS 服务器、流媒体服务器等。在使用和配置过程中，由于很多原因，有时会造成网络服务的故障。

发生故障的网络服务主要有文件服务故障、网络打印服务故障、IIS 服务故障、WWW 故障、FTP 服务故障、DNS 故障、DHCP 服务故障。

1．文件服务故障

（1）案例选编 28：共享文件出错

① 故障现象。

某单位局域网服务器采用 Windows 2000 Server 系统，客户端计算机则分别运行 Windows 98

和 Windows XP 两种系统。在服务器中设置了一个共享文件夹，并在两种客户端系统中把这个共享文件夹映射为网络驱动器。开始使用一直很正常，现在出现了一个问题，当 Windows 98 系统试图打开由 Windows XP 使用过的文件时，不能对该文件进行复制或删除操作，在 Windows XP 系统中却可以完成以上操作。

② 故障分析与处理。

当 Windows 98 系统试图打开 Windows XP 系统使用过的文件时，系统常常会提示“该文件正在被使用或磁盘写保护”之类的信息。这说明对该文件的处理仍然在 Windows XP 的系统进程中，并没有完全退出。问题可能出在 Windows XP 的设计缺陷上，建议为 Windows XP 系统安装较为全面的系统补丁。

（2）案例选编 29：系统提示“找不到网络路径”

① 故障现象。

局域网中的计算机 A 在通过\\IP 地址\共享名的方式访问计算机 B 的共享资源时，系统提示“找不到网络路径”。但是计算机 B 却能访问计算机 A 中的共享资源，而且同一个局域网中的其他计算机也能正常访问计算机 A 中的共享资源。

② 故障分析与处理。

所有的计算机都能访问到计算机 A 中的共享资源，说明网络协议和网络连接都是正确的。导致其他计算机无法访问计算机 B 中的共享资源的原因，可能是计算机 B 中没有安装网络文件和打印机共享协议，或者计算机 B 安装了网络防火墙，也有可能是 139、445 等端口被屏蔽了。排除上述可能性后，还可通过重新安装 TCP/IP 协议，并正确设置 IP 地址信息来解决。

2．网络打印服务故障

（1）案例选编 30：网络打印机显示“脱机使用”

① 故障现象。

在单位局域网将一台打印机安装在 Windows 2000 服务器上，并设置为共享打印机。使用过程中发现运行 Windows 98 的计算机不能访问共享打印机，而运行 Windows 2000/XP 的计算机却可以访问。检查后发现它能 ping 通其他计算机，但局域网中看不到其他计算机。Windows 2000/XP 系统的计算机都开通了 Guest 和 Windows 98 计算机的登录账户，Windows 98 计算机控制面板的“打印机”中发现被设置成“脱机使用”。

② 故障分析与处理。

引发此类故障的原因很可能是网络协议设置不当。建议在 Windows 2000 Server 和 Windows 98 中删除 NetBEUI 协议，只保留 TCP/IP 协议。然后采用“查找”的方式使用 IP 地址搜索 Windows 2000 Server，找到共享打印机后双击并安装该打印机。

（2）案例选编 31：局域网中找不到共享打印机

① 故障现象。

局域网中的计算机一个只有 15 台计算机的小型局域网，服务器运行 Windows 2000 Server 系统。客户端计算机运行 Windows 98/2000 操作系统。Windows 2000 Server 客户端计算机能正常使用共享打印机，而 Windows 98 计算机在安装网络打印机时却看不到已共享的打印机。

② 故障分析与处理。

既然可以 ping 通网络中的其他计算机，说明网络连接正常，网络协议的设置也没有问题。可采取以下方法解决该问题：

a. 依次打开“控制面板”→“网络”，单击“文件及打印共享”按钮，在“文件及打印共享”对话框中选中“允许其他用户访问我的文件”和“允许其他计算机使用我的打印机”复选框，启用 Windows 98 中文件和打印共享；

b. 在 Windows 98 启动时，以用户身份登录，而不要单击“取消”按钮进入 Windows；

c. 为打印服务器添加安装 Windows 98 驱动程序，重新在 Windows 98 计算机上安装网络打印机。

3. IIS 服务故障

（1）案例选编 32：解决 IIS 服务启动失败

① 故障现象。

局域网中的一台 Windows 2000 Server 服务器，更新安装了 IIS 6.0 组件。在一次手动启动 Web 服务的时候出现错误提示“地址被占用，启动失败！”，从而无法启动 IIS。

② 故障分析与处理。

一般导致 IIS 启动失败的原因主要包括以下几种：

a. IIS 完整性遭到破坏，一些运行 IIS 必需的程序文件损坏或者被破坏；

b. 计算机内存校验错误导致故障发生。

根据上述故障现象分析，可以通过重新安装 IIS 组件或重新启动 IIS 来解决问题。IIS 组件的完整性遭到破坏是造成 IIS 无法启动的常见原因，此类故障解决起来比较简单，只需重新安装 IIS 即可解决。

要重新启动 IIS 服务，可以通过在命令行窗口里输入“iisreset”命令来实现。

（2）案例选编 33：无法打开 ASP 程序

① 故障现象。

局域网中的一台 Windows 2000 Server 服务器，更新安装了 IIS 6.0 组件。服务器使用 IIS 6.0 向用户提供 Web 服务。在该服务器中新搭建了一个用 ASP 语言编写的论坛，但却无法在客户端访问该论坛，总是提示“无法显示该页”。而改用原来 Windows 2000 Server 自带的 IIS 5.0 却可以正常运行。

② 故障分析与处理。

这种故障是由 IIS 6.0 默认的安全设置造成的。为增强服务器的安全性，IIS 6.0 默认禁止 ASP 程序运行，而 IIS 5.0 则默认允许 ASP 程序运行。可以手动允许 IIS 6.0 对 ASP 程序支持。另外，为了保证 ASP 程序的正常运行，还需要手工添加 IIS 默认启用的文档内容。

4. WWW 故障

（1）案例选编 34：网站无法进行匿名访问

① 故障现象。

某单位内部局域网中使用 IIS 6.0 提供 Web 服务。由于设置调整，浏览器访问网站主页时要求输入用户名和密码，而网站提供的内容对访问者并没有身份限制，不需要进行身份验证。

② 故障分析与处理。

在访问一般网站时是不需要提供用户账户和密码的，然而这并不代表服务器没有对访问者进行身份验证。实际上服务器仍然在使用网站上某个特定的账户对所有访问者进行身份验证，只是对于访问者是不透明的，这就是所谓的匿名访问。匿名访问的原理是使用网站上的某个特定账户，使用匿名访问时，该账户必须存在，拥有合法的密码，尚未过期，而且未被删除。其余的标准安全机制也在进行，如账户的 ACL 或指定登录时长等。可以首先确定已经启用匿名访问方式，并检查用于匿名访问的账户是否合法。

（2）案例选编 35：IIS 不支持运行 Perl 类型脚本

① 故障现象。

某单位内部局域网中使用 IIS 6.0 提供 Web 服务，现在要安装新的网站系统，要求让 IIS 支持“PHP”和“Perl”程序的运行，可是这些脚本程序无法正常运行。

② 故障分析与处理。

在默认情况下 IIS 仅支持运行“ASP”程序脚本，其本身没有对“PHP”和“Perl”程序的解释功能，因此要想运行这些类型的程序，必须安装相应的解释程序。在 Windows 2000 Server 的资源工具包中提供了“Perl”的解释程序“ActivePerl”，还可以从相关的网站下载该产品的最新发布版本。

a．执行下载得到的文件，按照默认设置完成安装过程；

b．打开“Internet 信息服务（IIS）管理器”控制台窗口，在左窗格中单击选中“Web 服务扩展”选项，然后在右窗格中用鼠标右键单击“Perl CGI Extention”选项，在打开的快捷菜单中执行“允许”命令；

c．重复类似的操作，将“Perl ISAPI Extention”也设置为“允许”。

5．FTP 服务故障

（1）案例选编 36：权限设置问题导致无法登录 FTP 服务器

① 故障现象。

局域网中在一台运行 Windows 2000 Server 的服务器中用 IIS 5.0 搭建了 FTP 站点。当从其他计算机中使用合法的 FTP 账户和密码进行连接时却无法连接。

② 故障分析与处理。

所有的计算机既然登录 FTP 服务器使用的账户为合法账户，那么在排除物理连接和基本网络设置存在问题的情况下，可以考虑 FTP 服务器是否对用户开启了“读取”权限。如果没有开启“读取”权限，则会出现登录失败的情况。此时，在“Internet 信息服务（IIS）管理器”窗口中打开“FTP 站点属性”对话框。确认在“主目录”选项卡中勾选了“读取”复选框权限。然后切换至“目录安全性”选项卡，单击“授权访问”按钮，进一步确认客户端计算机的 IP 地址不在“拒绝访问”之列即可解决问题。

（2）案例选编 37：FTP 服务器架设不成功

① 故障现象。

局域网使用带路由功能的 ADSL Modem 加一个 16 口的交换机实现共享上网，启动 ADSL Modem 的同时自动拨号上网。现准备在其中一台 Windows 2000 Server 计算机中使用 IIS 搭建 FTP 服务器，并申请了动态域名解析服务。关闭防火墙后，当用另外的计算机连接 FTP 站点时，尽管显示已经连接成功，但并不是事先指定的文件夹。

② 故障分析与处理。

根据故障描述，很可能是没有在ADSL路由器中进行端口映射造成的。要想用内网计算机面向Internet用户提供FTP服务，必须进行端口映射。假如FTP服务器的内网IP地址是192.168.1.10，则需要在ADSL路由器上将IP地址“192.168.1.10”映射到21端口。当Internet用户使用动态域名访问时，就会自动映射到所指定的IP地址，从而实现对FTP服务器的访问。

另外还有一个更为简便的方式，那就是将作为FTP服务器的计算机设置为ICS（Internet连接共享）主机来提供代理上网服务，而FTP服务由于拥有合法的公网IP地址可以直接被Internet用户访问。另外，通过对网络防火墙进行简单设置使指定的某些服务穿过防火墙，而不必关闭整个防火墙，从而确保计算机的安全。

6．DNS故障

（1）案例选编38：ping不通DNS服务器

① 故障现象。

公司的每一台计算机访问Internet服务器时，都会在日志文件中出现“userenv错误，ID为1 000”的出错信息。通过查阅微软提供的资料说明是DNS错误。但DNS地址是由ISP提供的，而且无法ping通该IP地址。另外，公司很多计算机的登录速度非常缓慢。

② 故障分析与处理。

目前有些ISP提供的DNS服务器地址无法ping通属于正常现象，为了避免恶意攻击，很多服务器都禁用了ICMP（一种网络协议）。

排除上述可能，出现该错误的原因是没有正常开启DNS转发所致。

对于Windows网络，如果安装了Active Directory服务，可以将工作站的DNS服务器设置为局域网内服务器的IP地址，即升级到支持Active Directory的主域计算机的IP地址，并在DNS服务中启用DNS转发。通过这些设置修改应该可以解决问题。

（2）案例选编39：无法使用域名访问Internet

① 故障现象。

小型局域网通过ADSL宽带路由器接入Internet，每台计算机分配有静态的IP地址。由于需要，将其中一台运行Windows 2000 Server的计算机配置成了DNS服务器，并启用了WWW、FTP服务。现在的问题是，如果将客户机的DNS地址指向内网的DNS服务器，则客户机无法接入Internet。如果将DNS指向公网提供的DNS地址，则又不能使用设置的域名访问内网提供的服务。

② 故障分析与处理。

从故障现象可以看出是DNS解析出现了问题。该问题可以通过为内网的DNS服务器设置转发器来解决。具体步骤如下：

a．打开DNS控制台窗口；

b．在左窗格中单击选中服务器名称，然后在右窗格中右键单击“转发器”选项，执行“属性”命令，打开“Server Name属性”对话框的“转发器”选项卡；

c. 在“所选域的转发器的IP地址列表”编辑框中键入公网的DNS服务器地址；单击“添加”按钮后，再单击“确定”按钮完成。

7. DHCP 服务故障

（1）案例选编 40：DHCP 服务子网掩码的分配故障

① 故障现象。

局域网中通过 ADSL 虚拟拨号方式进入 Internet，然后通过路由器和一台 16 口的交换机连接各计算机。各计算机通过 DHCP 服务器自动获取 IP 地址，最近有几台计算机不能访问局城网中提供的网络服务，但都能正常上网。使用 ping 命令检测 IP 设置，发现 IP 地址及网关设置均正确，只有子网掩码与运行正常的计算机不同（255.0.0.0）。

② 故障分析与处理。

子网掩码不同的计算机如果不通过路由器是不能互相访问的（本例中提到的路由器只是用来共享上网）。问题应该是 DHCP 服务器设置有误，导致局域网内的计算机无法正确获取 IP 地址。首先应当保证 DHCP 服务器有一个静态的 IP 地址，并且子网掩码应该根据网络规模正确设置（本例中子网掩码应该设为“255.255.255.0”）。在创建 IP 地址作用域时，要正确地设置分配的地址范围、子网掩码、网关、DNS 等参数。请检查网络中的 DHCP 服务器设置是否正确，另外还要检查网络中是否有其他的 DHCP 服务器在工作。

（2）案例选编 41：客户机 IP 地址为“169.254.*.*”

① 故障现象。

局域网中采用了基于 Windows Server 2003 的域管理模式，客户端通过 DHCP 服务器自动获取 IP 地址，无须进行任何设置即可接入 Internet。但是最近网内的部分客户机必须在手动指定 IP 地址、子网掩码、DNS 服务器和网关后才能接入 Internet。如果不做上述网络设置，并在一台运行 Windows XP 的客户机上执行“Ipconfig/a11”命令，可以看到该机所获取的 IP 地址为“169.254.*.*”。然而网内另一部分客户机却依旧不用进行任何设置就能上网，并且能够正常获取 IP 地址。

② 故障分析与处理。

问题描述中所提到的 IP 地址“169.254.*.*”实际上是自动私有 IP 地址。在 Windows 2000 以前的系统中，如果计算机无法获取 IP 地址，则自动配置成“IP 地址：0.0.0.0”和“子网掩码：0.0.0.0”的形式，导致其不能与其他计算机进行通信。

对于 Windows 2000 以后的操作系统则在无法获取 IP 地址时自动配置成“IP 地址：169.254.*.*”和“子网掩码：255.255.0.0”的形式，这样可以使所有获取不到 IP 地址的计算机之间能够通信。

由于部分客户机可以正常获取 IP 地址，因此首先可以排除 DHCP 服务停止、作用域未激活或网络连接存在问题的原因，可以从两个方面寻找原因。

a. IP 地址池中没有足够的 IP 地址租给客户机。

如果公司中新增加了客户机而没有及时配置 DHCP 服务器，则很容易产生此类问题。另外，如果网络中有员工在试验 Windows 2000/2003 Server 上的 RRAS 服务，也容易导致此类问题的发生，因为 RRAS 服务每次会向 DHCP 服务器租用多个 IP 地址。

解决此问题的方法为：

- 打开 DHCP 控制台窗口；
- 在左侧的目录树中依次展开“服务器”→“作用域”，并单击选中“地址租约”选项。如果里面显示有同一客户机一次租用多个 IP 地址的租约，可以将其删除；

● 在左窗格中右键单击“作用域”选项，执行“属性”命令；

● 在“作用域属性”对话框中扩大IP地址范围并单击“确定”按钮。

b. DHCP中继代理失效。

如果 DHCP 服务器是跨子网向客户机分配 IP 地址的，那么需要在目标网段安装配置 DHCP 中继代理。若中继代理失效，则其所在网段的客户机将无法获取 IP 地址。

为 Windows 2003 Server 的 RRAS（路由和远程访问服务）配置 DHCP 中继代理的方法如下：

● 打开的“路由和远程访问”控制台窗口；

● 在左窗格中依次展开“服务器（本地）”→“IP 路由选择”目录树，右键单击“DHCP 中继代理程序”选项，执行“新增接口”命令。

● 在打开的“DHCP 中继代理程序的新接口”对话框中选中“本地连接”，并连续单击“确定”按钮。

● 右键单击“DHCP 中继代理程序”选项，执行“属性”命令。在打开的“DHCP 中继代理程序属性”对话框中键入 DHCP 服务器的 IP 地址，并依次单击“添加”、“确定”按钮。

8.4.4 网络安全故障

1. 局域网安全设置故障

（1）案例选编 42：防止局域网资源的非法访问

① 故障现象。

局域网中的计算机并没有执行文件读写操作，但硬盘灯却突然闪烁不停，系统反应变慢。

② 故障分析与处理。

排除其他后台备份程序、杀毒软件的操作的可能性后，可能是有人利用网络远程访问了该计算机。可以主要从两个方面来解决。

a. 使用 Windows 2000 Server 中的计算机管理工具监视本机的“共享”、“会话”、“打开文件”，找到秘密入侵者。

b. 修改组策略指定特殊的用户才能访问共享资源，限制秘密入侵者可能取得资源，只允许许可的用户来访问特定的共享资源。

（2）案例选编 43：防止局域网密码监听

① 故障现象。

局域网中的计算机用户的密码被窃取。

② 故障分析与处理。

由于局域网上安全设置不全，很容易被窃取密码。通常可以从网上找到很多局域网方面的监听软件，用于监视局域网中各用户可能使用的密码。主要从以下两个方面来解决。

a. 使用各种安全软件，清除内存中的密码影像，对监听软件进行防范。

b. 上网时，注意提高 IE 中必要的安全等级或使用数字证书进行认证。

2. 病毒引发的安全故障

（1）案例选编 44：局域网病毒感染后，网络速度极慢，病毒很难杀尽

① 故障现象。

局域网中的计算机 A 感染病毒迅速传播给多台计算机，进行杀毒后，很多机器很快重新感染病毒。

② 故障分析与处理。

由于网络的特殊环境，上网的计算机比较容易感染病毒。在计算机病毒传播形式和途径多样化的趋势下，大型网络进行病毒的防治是十分困难的。解决这个问题主要从以下几个方面来考虑：

a．增加安全意识，主动进行安全防范；

b．上网时，注意安全，尤其对不信任的邮件不要轻易打开或接收；

c．选择优秀的网络杀毒软件，定期升级扫描病毒，发现病毒要杀尽；

d. 平时关闭网络中的共享服务，改用相对安全的 FTP 服务，对网络安全做好相应的设置。

（2）案例选编 45：防范 JPEG 病毒

① 故障现象。

局域网中的计算机感染病毒后打开恶意 JPEG 文件时导致系统崩溃。

② 故障分析与处理。

由于网络的特殊环境，未加强安全防范的上网计算机比较容易感染病毒。解决这个问题主要从以下几个方面来考虑：

a．增加安全意识，主动对系统打补丁；

b．上网时，尤其对来历不明的图片文件不要轻易打开或接收；

c．选择优秀的网络杀毒软件并定期升级、扫描磁盘、查杀病毒。

3．流氓软件引发的故障

（1）案例选编 46：系统浏览器被劫持，自动跳转到某些商业网站

① 故障现象。

在浏览某些网站时，被强行安装了某些插件。在以后浏览网页时，被强行引导到一些商业网站的页面。流氓软件可分为广告软件、间谍软件、浏览器劫持、行为记录软件、恶意共享软件等，是同时具备正常软件功能和恶意行为的软件。

② 故障分析与处理。

由于网络的特殊环境，未做安全防范的上网计算机比较容易感染浏览器插件类型的流氓软件。解决这个问题主要从以下几个方面来考虑：

a．增加安全意识，不轻易接受不明软件；

b．上网前，注意使用安全防护软件；

c．选择优秀的杀毒软件，定期升级并扫描、查杀病毒。

（2）案例选编 47：防范流氓软件

① 故障现象。

在浏览某些网站时，被强行安装了广告软件和监听软件。在以后浏览网页时，被强行观看弹出式广告或被暗中记录用户使用习惯等个人行为操作。

② 故障分析与处理。

由于网络的特殊环境，未做安全防范的上网计算机比较容易感染流氓软件。解决这个问

题主要从以下几个方面来考虑：

a. 增加安全意识，及时升级系统的补丁程序；

b. 一般情况下，提高上网的安全等级，禁用 ActiveX 脚本，加入受限站点；

c. 选择优秀的杀毒软件，扫描查杀病毒，定期备份重要的系统数据。

8.4.5 其他网络故障

架构完网络后，在使用中仍然可能会遭遇各种疑难问题。本小节将剖析前面未提及的网络故障，主要涉及连接中一些经典的活动目录和组策略故障、无线网络故障实例，以帮助大家解决实际问题。

1. 活动目录和组策略故障

（1）案例选编 48：无法使用账号登录

① 故障现象。

在基于域管理模式局域网中，在建设机房时通过克隆镜像的方法为计算机安装系统。局域网使用一段时间之后，将其中一台计算机用镜像文件恢复系统。恢复完毕后发现在该计算机上用合法的域用户账户不能登录域。

② 故障分析与处理。

根据故障现象可以判断出现该问题的原因是因为每台域成员计算机在域控制器（DC）的数据库中记录着一个对应的条目，域控制器就是通过该条目跟踪域中的所有计算机。该条目包含了工作站的计算机名称，而使用镜像文件恢复的系统会使客户端计算机名称与 DC 中的名称不一致，因此该工作站就无法在域中通过验证，当然也就无法登录到域中。

解决问题的方法是先使用本地账号登录到本地系统，然后执行退出域的操作并重新启动计算机。重启后再次执行加入域的操作即可解决问题。所谓退出域，就是将该计算机改为隶属于“工作组”。

（2）案例选编 49：成员计算机登录域速度慢

① 故障现象。

局域网中采用域管理模式管理内部局域网，在使用过程中发现运行 Windows 98/Me 系统的计算机登录 Windows 2000 Server 域的速度很快，而运行 Windows 2000 Professional/XP 系统的计算机登录域却非常慢。

② 故障分析与处理。

Windows 98/Me 登录 Windows 2000 Server 域很快，是因为 Windows 98/Me 一般不加入到域中。而 Windows 2000/XP 登录域的速度非常慢的原因可以从两方面进行分析：一是域控制器存在故障，需要用户修复；另一方面是成员计算机设置的 DNS 地址不是 Windows 2000 Server 域控制器的 IP 地址，如果是这种情况就必须重新设置。

（3）案例选编 50：域账户数量上限的突破

① 故障现象。

在基于域管理模式局域网中，DC 运行 Windows 2000 Server 系统。当将新增添的工作站计算机加入域时出现“已超出域上允许创建的计算机账户的最大值，请复位或增加限定值”的提示信息。

② 故障分析与处理。

根据故障现象可以判断是由于域控制器的许可证数量太少造成的，可以在域控制器中添加客户访问许可证来解决问题，具体操作步骤如下：

a．在域控制器上打开“控制面板窗口，双击“授权”图标，打开“选择授权模式”对话框，保持“每服务器（V）同时连接数”单选框的选中状态，并单击“添加许可证”按钮；

b．打开“新增客户访问许可证”对话框，在“数量”编辑框中根据域域账户的使用情况重新输入一个合适的数字；

c．确认得到了微软的合法授权后，单击“确定”、“同意”按钮完成设置的更改。

（4）案例选编 51：所有用户不能登录域控制器

① 故障现象。

基于 Windows 2000 Server 局域网系统，由于管理员的误操作将域控制器中的所有用户（包括管理员）的本地登录权限禁止了。所有的用户（包括管理员）都无法本地登录域控制器，出错提示为“此系统的本地策略不允许你采用交互式登录”。

② 故障分析与处理。

根据故障现象，可以判断在“域安全策略”和“域控制器安全策略”中同时禁止了本地登录权限。因为如果只是“域安全策略”禁止，由于域控制器是个组织单元（OU），而根据组策略的 LSDOU 原则，Administrators 组的成员可以登录域控制器进而重新编辑策略；如果只是“域控制器安全策略”禁止，则该策略只对域控制器生效，管理员可以从域内的其他计算机登录到域来编辑策略。

要解决被“域安全策略”和“域控制器安全策略”同时禁止的问题，首先必须明确策略设置值存储在 GPT（位于域控制器的“winnt/sysvol/sysvol”文件夹中，以 GUID 为文件夹名）中。其中安全设置部分保存在域控制器的“winnt/sysvol/sysvol/域名/Pllicies/策略的 GUID IMACHINEI Microsoftl Windows NT/SecEdit/GptTmpl.inf”这个安全模板文件中，该文件实质是一个文本文件，可利用记事本进行编辑。默认域的策略和默认域控制器的策略使用固定的 GUID，其中默认域的策略的 GUID 为“31B2F340-016D-11D2-945F-00C04FB984F9”，默认域控制器的策略的 GUID 为“6ACl786C-016F-11D2-945F-00C04FB984F9”。明确了上述文件的作用和位置后，可以利用 C 盘的隐含共享“CS”或“winnt/sysvol/sysvol/”的共享“sysvol”连接域控制器编辑该文件，具体操作步骤如下：

a. 在任意一台域成员计算机上以域管理员的身份登录到域，并通过共享连接到域控制器，找到安全模板文件“GptTmpl.inf”；

b．利用记事本打开“GptTmpl.inf”文件；

c．找到文件中[PrivilegeRights]下的拒绝本地登录“SeDenyInteractiveLogonRight”和允许在本地登录“SeInteractiveLogonRight”关键字进行编辑。例如，使“SeDenyInteractiveLogonRight”的值为空，保证“SeInteractiveLogonRight=*S-1-5-32-544，……”；

d．最后保存文件。

（5）案例选编 52：普通域用户无法在 DC 上登录

① 故障现象。

某单位局域网基于域管理模式，现在想以普通合法域用户的身份登录域控制器，但系统提示不能登录。

② 故障分析与处理。

这其实是正常的安全设置。由于域控制器在网络中具有十分重要的作用，因此基于安全考虑，默认能在域控制器上登录的只有“Administrators”、“Accountoperators”、“Backup operators”、“ServerOperators”和“PrinCoperators”这些特定的管理组中的用户。

一般情况下，普通域用户没有权力在 DC 上登录。如果出于特殊需求必须使用普通域用户账户登录 DC，可以通过设置域控制器安全策略来实现。设置方法为：

a．在 Windows 2000 Server 域控制器中依次单击“开始+管理工具+域控制器安全策略”，打开“默认域控制器安全设置”窗口；

b．在左窗格中依次展开“安全设置+本地策略”目录，并单击选中“用户权限分配”选项；然后在右窗格列表中找到并双击“允许在本地登录”选项；

c．在打开的“允许在本地登录属性”对话框中单击“添加用户和组”按钮；

d．单击“浏览”按钮找到目标用户，连续单击“确定”按钮完成添加。

2．无线网络故障

（1）案例选编 53：无线 AP 损坏

① 故障现象。

局域网中的计算机机房因线路问题，在快速的几次断电、续电过程后（几秒钟内），管理员彻底关闭机房的电源开关。待电源正常后，发现台式机可以正常上网，但是使用无线方式上网的笔记本，却一点信号也没有。

② 故障分析与处理。

从故障现象看可能会是硬件的问题。要确定无法连接网络问题的原因，首先检测一下网络环境中的电脑是否能正常连接无线接入点。简单的检测方法是在有线网络中的一台电脑中打开 DOS 命令行模式，然后使用 ping 命令检测无线接入点的 IP（如 ping192.168.1.1）地址。如果无线接入点响应了这个 ping 命令，则证明有线网络中的电脑可以正常连接到无线接入点。如果无线接入点没有响应，有可能是电脑与无线接入点间的无线连接出现了问题，或者是无线接入点本身出现了故障。

要确定具体的原因，可以先从无线客户端 ping 无线接入点的 IP 地址。如果成功则说明刚才那台电脑的网络连接部分可能出现了问题，比如网线损坏。如果无线客户端无法 ping 到无线接入点，则证明无线接入点本身工作异常。此时可以将其重新启动，等待大约 5min 后再通过有线网络中的电脑和无线客户端，利用 ping 命令来查看它是否能连通。

如果从这两方面 ping 无线接入点依然没有响应，则证明无线接入点已经损坏或者配置错误。此时可以将这个可能损坏了的无线接入点通过一根可用的网线连接到一个正常工作的网络中，检查它的 TCP/IP 配置。

最后，再次在有线网络客户端 ping 这个无线接入点，如果依然失败，则表示这个无线接入点已经损坏了，这时应该更换新的无线接入点。

（2）案例选编 54：无线网络传输速度慢

① 故障现象。

某局域网内采用了一台 IEEE 802.11b 标准的无线 AP，针对 50 人左右的无线客户端搭建了一个无线网络。在实际使用中，发现该网络传输速度很慢。

② 故障分析与处理。

通常一台 AP 的最佳用户数在 30 人左右，虽然理论上标称可以支持 70 多个用户，但是随着接入无线客户端用户的增多，网络的传输速率下降很快。

为了达到较好的传输性能，根据本例实际的应用规模，建议另外配置一台 AP，并将两个 AP 连接在一起。

为了确保使用的安全，提高通信的能力，可以将两个 AP 设置为互不相邻的通道，并为无线 AP 手工设置 MAC 地址过滤，分别接入一部分指定的用户。启用 MAC 地址过滤后，无线路由器就会对数据包进行分析，如果此数据包是从所禁止的 MAC 地址列表中发送而来的，那么无线路由器就会丢弃此数据包，不进行任何处理。在无线网络内，还可以把 MAC 地址和 IP 地址进行绑定，并对其 MAC 地址分配一定的权限。这样将大大增强通信的安全，不足之处就是降低了一定程度的灵活性。

习 题 8

1. 网络中常见故障有哪些？
2. 出现网络故障时的诊断步骤是什么？如何进行网络故障的分析与定位？
3. 出现网络故障的原因主要有哪些？
4. 网络故障的排除要注意哪些方面？
5. Windows 2000 Server 中常用网络测试诊断工具有哪些？主要的作用是什么？
6. 结合实际谈谈你对网络故障排除的经验和方案规划。

参 考 文 献

[1] 谢希仁．计算机网络[M]．5版．北京：电子工业出版社，2008．

[2] 李光明．计算机网络技术教程[M]．北京：人民邮电出版社，2009．

[3] 沈金龙．计算机通信网[M]．西安：西安电子科技大学出版社，2003．

[4] 李成忠，张新有．计算机网络应用与实验教程[M]．北京：电子工业出版社，2001．